THÉORIE

DE

LA RÉSISTANCE

ET

DE LA FLEXION PLANE DES SOLIDES.

PARIS. — IMPRIMERIE DE MALLET-BACHELIER,
rue du Jardinet, 12.

THÉORIE

DE

LA RÉSISTANCE

ET

DE LA FLEXION PLANE DES SOLIDES

DONT LES DIMENSIONS TRANSVERSALES SONT PETITES RELATIVEMENT
A LEUR LONGUEUR.

PAR

J.-B. BELANGER,

Ingénieur en chef des Ponts et Chaussées en retraite, Professeur de Mécanique à l'École
Impériale Polytechnique et à l'École centrale des Arts et Manufactures.

PARIS,

MALLET-BACHELIER, IMPRIMEUR-LIBRAIRE

DE L'ÉCOLE IMPÉRIALE POLYTECHNIQUE, DU BUREAU DES LONGITUDES,

Quai des Augustins, 55.

1858

AVANT-PROPOS.

La partie de la science de l'ingénieur qui a pour objet la stabilité et l'économie des constructions, eu égard aux limites de la résistance des matériaux, comprend des généralités qu'il importe d'étudier et de connaître d'abord : avant d'essayer de se rendre compte des causes qui peuvent compromettre la durée d'un ensemble de pièces constituant une construction quelconque, il faut être en état de résoudre la même question pour une pièce unique soumise à des efforts déterminés par toutes les données nécessaires. C'est le sujet traité, pour les cas les plus ordinaires, dans cet opuscule, rédaction succincte des leçons que je fais à l'École centrale des Arts et Manufactures, au commencement de mon Cours sur la Mécanique appliquée.

La Mécanique appliquée diffère essentiellement de la Mécanique générale ou rationnelle, en ce que celle-ci, s'appuyant sur un très-petit nombre de lois absolues de la nature matérielle, en déduit par le raisonnement des conséquences rigoureuses, affranchies de toute exception ; tandis que la Mécanique appliquée emprunte à des expériences spéciales des lois plus ou moins approximatives sur les forces qui doivent entrer dans ses calculs et sur les mouvements qu'elles produisent. Telles sont les lois du frottement et celle de l'élasticité des corps solides ; telle est l'hypothèse du mouvement par tranches parallèles dans certains problèmes d'hydraulique ; telle est notamment, dans les recherches sur la déformation par allongement, contraction, torsion ou flexion des corps longs et étroits, la supposition par la-

quelle on admet, comme nous le verrons, que les molécules
primitivement situées dans un plan transversal quelconque se
déplacent dans l'espace en conservant toujours leurs mêmes
positions relatives, de sorte qu'on se ferait une image des
modifications que reçoivent ces corps si on les considérait
comme composés de disques invariables unis entre eux par
des ressorts dont le jeu répondrait à tout petit mouvement
par écartement, rapprochement ou glissement de ces disques.

Sans doute ce sont là des hypothèses qui ne sont pas d'une
complète exactitude; mais elles ont l'avantage de faciliter
l'application du calcul aux questions qui intéressent l'art
des constructions, et de fournir des solutions dont l'approximation est suffisante pour les besoins de la pratique.

Au reste, ces hypothèses une fois posées, la théorie pro-
cède avec la rigueur mathématique et applique sans altération les vérités absolues de la Mécanique générale. Ainsi
dans tous les cas où un corps, après s'être plus ou moins
déformé sous l'action de certaines forces, finit par rester
immobile, si l'on considère une portion définie de ce corps,
les forces extérieures qui la sollicitent satisfont nécessairement aux relations qu'on nomme les *six conditions géné-*
rales de l'équilibre.

Ces forces sont: le poids de la portion de corps dont il
s'agit, les actions exercées par les corps voisins qui l'ont
suivie dans sa déformation, les réactions des appuis supposés fixes, enfin les forces dites élastiques qu'exercent sur
cette portion de corps les autres portions du même corps
qu'on en détache par la pensée.

Les conditions dont nous venons de parler se réduisent
sous la forme la plus simple à six équations, trois de projections et trois de moments, désignées par les symboles suivants :

$$\Sigma F_x = 0, \quad \Sigma F_y = 0, \quad \Sigma F_z = 0, \qquad [1]$$
$$\Sigma \mathfrak{M}_x F = 0, \quad \Sigma \mathfrak{M}_y F = 0, \quad \Sigma \mathfrak{M}_z F = 0, \quad [2]$$

dans lesquels Σ annonce une somme de quantités d'une même espèce, F_x, F_y, F_z indiquent les projections positives ou négatives d'une force F sur trois axes dont les parties positives Ox, Oy, Oz, partant d'une origine O, font des angles quelconques dans l'espace, mais non dans un même plan, chaque projection (telle que F_x) étant faite sur un axe (Ox) par des plans parallèles aux deux autres (Oy, Oz); les notations $\mathfrak{M}_x F$, $\mathfrak{M}_y F$, $\mathfrak{M}_z F$, indiquent les moments positifs ou négatifs de la force F autour des trois axes, c'est-à-dire que $\mathfrak{M}_x F$, par exemple, signifie la quantité qu'on produit en projetant rectangulairement la force F sur un plan perpendiculaire à l'axe Ox, en multipliant la projection obtenue par la distance de cette projection ou de la force elle-même à l'axe, et enfin en affectant le résultat du signe $+$ ou $-$ selon que la force est favorable ou contraire à une rotation hypothétique du corps, autour du même axe, dans un sens adopté arbitrairement comme positif.

Les équations [1] considérées indépendamment des trois autres entraînent des conséquences qu'il importe de se rappeler. Elles signifient que si toutes les forces F étaient transportées en un même point, parallèlement à elles-mêmes, elles se détruiraient mutuellement, ce qu'on exprime en disant que leur résultante de translation est nulle. Il s'ensuit que si, pour obtenir une équation de plus, on écrivait que la somme des projections des forces sur un quatrième axe est nulle, ce ne serait qu'une conséquence nécessaire et implicitement renfermée dans les trois premières équations. Celles-ci signifient encore que lorsque les équations [2] ne sont pas vérifiées, les forces F peuvent, sans rien changer ni aux sommes de projections, ni aux sommes de moments pour un système d'axes quelconque, être remplacées par deux forces formant un couple.

Les trois équations [2], lorsque les équations [1] ne se vérifient pas, signifient: 1° que les forces F équivalent, quant à leurs sommes de projections et de moments, à une force unique appelée leur *résultante*, et 2° que cette force *passe* par l'origine O des trois axes. Si à ces équations [2] on joignait une équation pareille de moments autour d'un quatrième axe passant par le même point O, cette relation serait implicitement renfermée dans les trois autres. Mais si le quatrième axe O′x′ ne passait point par O, la nouvelle équation jointe aux trois équations [2] signifierait que la résultante passant par O serait de plus dans un même plan avec O′x′; de sorte que, pour écrire que cette résultante est nulle, il ne faudrait plus que deux équations de projections sur deux axes concourants pris dans ce plan.

Si outre les équations [2] on en posait deux autres :

$$\Sigma \mathfrak{M}_{x'} F = 0, \quad \Sigma \mathfrak{M}_{y'} F = 0,$$

équations de moments autour de deux axes O′x′, O′y′, ne passant point par O et concourant en O′, cela signifierait que la résultante est dirigée suivant la droite OO′, et, pour exprimer que cette résultante est nulle, il ne manquerait plus qu'une équation de projections sur cette droite, ou une équation de moments autour d'un sixième axe qui ne serait pas dans un même plan avec OO′.

Il est facile de voir que lorsque les forces F sont toutes dans un plan, ou deux à deux symétriques par rapport à un plan, les équations d'équilibre se réduisent ou à deux équations de projections et à une équation de moments, ou à deux équations de moments autour de deux axes perpendiculaires au plan et à une équation de projections sur une droite joignant ces axes, ou à trois équations de moments autour de trois axes perpendiculaires au plan des forces et non situés dans un même plan.

Nous ferons usage de ces théorèmes de statique.

THÉORIE

DE

LA RÉSISTANCE

ET

DE LA FLEXION PLANE DES SOLIDES

DONT LES DIMENSIONS TRANSVERSALES SONT PETITES RELATIVEMENT
À LEUR LONGUEUR.

---

§ I. Extension et compression d'un prisme par une charge uniformément répartie.

1. Allongement permanent et allongement élastique. Une tige prismatique soumise suivant son axe de figure à une traction longitudinale qu'on fait croître lentement, afin que ni la tige ni la charge ne prennent une vitesse sensible, s'allonge d'une quantité qui croît avec l'intensité de l'effort. Si la charge diminue ensuite, la tige reprend une moindre longueur. En certains cas, elle conserve, quand la charge est complétement supprimée, une certaine augmentation de longueur, dite *allongement permanent*. La partie de l'allongement total qui disparaît par la suppression de la tension s'appelle *allongement élastique*.

2. Expériences sur le fer forgé. Depuis longtemps des expériences ont été faites sur ce sujet, en ce qui concerne

1

lc fer forgé. Les plus récentes et les plus complètes paraissent être celles de M. E. Hodgkinson, physicien anglais cité par M. le général Morin dans ses leçons de *Mécanique pratique*. J'extrais de ce dernier ouvrage les faits consignés dans les colonnes 1, 3, 4 et 6 du tableau suivant, et j'y ajoute les colonnes 2, 5 et 7 qui s'en déduisent.

Expérience de M. Hodgkinson sur une tige de fer forgé de la meilleure qualité, de 15ᵐ de longueur totale et de 0ᵐ,01313 de diamètre moyen.

1	2	3	4	5	6	7
CHARGE par mm.q. en kg.	NOMBRES proportionnels aux charges.	ALLONGEMENT EN MILLIMÈTRES PAR MÈTRE.			RAPPORT DE LA CHARGE A L'ALLONGEMENT	
		Total.	Permanent	Élastique.	Total.	Élastique.
kg		mm	mm	mm		
5,624	3	0,2837	0,0025	0,2812	19,82	20,00
11,248	6	0,5708	0,0051	0,5657	19,71	19,88
13,123	7	0,6656	0,0068	0,6588	19,71	19,92
14,997	8	0,7603	0,0101	0,7502	19,32	19,99
16,872	9	0,8733	0,0330	0,8403	19,32	20,08
29,995	16	17,8883	16,5145	1,3738	1,68	21,83
35,619	19	34,9354	32,8201	2,1153	1,02	16,96

3. Conséquences de cette expérience. 1°. Jusqu'à la charge de 13ᵏᵍ par mm. q. l'allongement total par mètre de longueur primitive est à peu près proportionnel à la charge. C'est ce qu'on exprime par la formule

$$N = E\Omega \frac{\Delta L}{L} \quad \text{ou} \quad N = E\Omega i,$$

(3)

où N est la charge totale normale à la section droite du prisme,

Ω l'aire de cette section,

L la longueur primitive du prisme sans charge,

ΔL l'allongement total du prisme entier,

i le rapport $\dfrac{\Delta L}{L}$, allongement dit proportionnel ou par unité de longueur primitive,

E un nombre appelé *coefficient d'élasticité*, qui pour le fer forgé a la valeur 19,8, lorsque N est exprimé en kilog., ΔL en millièmes de l'unité de L, Ω en millimètres quarrés. Si, comme nous le supposons généralement dans nos formules, l'aire Ω est calculée en mètres quarrés et l'allongement ΔL rapporté à la même unité que L, on a

$$E = 19,8 \cdot 10^{9}.$$

2°. Jusqu'à la même limite de 13^{kg} par mm. q. l'allongement permanent ne s'est trouvé que d'environ 1 centième de l'allongement total.

3°. Au delà de cette limite l'allongement permanent est devenu plus sensible suivant une loi peu régulière. Mais, ce qui est bien remarquable, jusqu'à la charge de 30^{kg} par mm. q., l'allongement élastique est resté à fort peu près proportionnel à la charge, de sorte que la formule $N = E\Omega i$ reste vraie jusque-là, i désignant l'allongement élastique par unité de longueur primitive, et le coefficient E prenant une valeur d'environ $2 \cdot 10^{10}$, quelque peu supérieure à celle qui, d'après l'expérience citée, convient quand i désigne l'allongement effectif par unité, sous une charge moindre que 14^{kg} par mm. q.

4. **Limite de l'élasticité.** Un fait que ne mentionne pas l'auteur cité et qui paraît constaté, c'est qu'une tige d'une longueur L, après avoir subi par l'effet d'une certaine

1.

charge N un allongement total ΔL, composé de deux parties l_0 et l_1, dont l'une subsiste et l'autre disparaît par la suppression temporaire de la tension, reprend et conserve indéfiniment la même longueur $L + \Delta L$ par une nouvelle application de la même charge N, pourvu que celle-ci ne soit pas trop grande, et revient à la longueur $L + l_0$ par sa suppression. Il s'ensuit que la charge N ne produit plus qu'un allongement élastique sur la tige de longueur $L + l_0$ peu différente de L. A plus forte raison en serait-il de même pour toute charge moindre que N. Ainsi la tige, à partir de l'état d'allongement permanent qu'elle a reçu, doit être considérée comme perfectionnée par cet étirage une fois produit, et devenue parfaitement élastique jusqu'à la limite convenablement modérée de la plus grande tension qu'elle a subie. Ce maximum que peut alors atteindre la tension sans produire un nouvel accroissement permanent s'appelle la *limite de l'élasticité* du corps dont il s'agit.

5. **Limite pratique de la tension et de l'allongement du fer.** L'Administration des Travaux publics exige que les dimensions transversales des chaînes ou des câbles des ponts suspendus soient calculées de manière qu'au moment de l'épreuve, qui ajoute au poids du pont une charge de 200^{ks} par m. q. de plancher, la tension n'excède pas pour les fers en barre le tiers, et pour les fils de fer le quart de celle qui produirait la rupture, ce qui revient à environ 12^{kg} par mm. q. pour les barres et 18^{kg} par mm. q. pour les fils. La tension des fers lorsque le pont n'est pas chargé, est à peu près moitié de ce qu'elle est pendant l'épreuve.

En général, dans la prévision d'efforts accidentels supérieurs aux charges permanentes, on calcule ordinairement les dimensions des pièces de fer de manière à réduire leur tension habituelle à 6^{kg} par mm.q. Les valeurs de i qui

$$(5)$$

correspondent pour le fer aux tensions de 18, de 12 et de 6^{kg}, d'après la formule $N = E\Omega i$ et la valeur de $E = 2.10^{10}$, sont 0,0009, 0,0006 et 0,0003.

6. **Tension par unité de surface.** La relation $N = E\Omega i$ peut se mettre sous la forme

$$\frac{N}{\Omega} = E i;$$

le quotient $\dfrac{N}{\Omega}$ est la tension par unité de surface.

7. **Raideur du ressort longitudinal d'une tige prismatique.** On nomme ainsi le rapport $\dfrac{N}{\Delta L}$ qui est égal à $\dfrac{E\Omega}{L}$. Il est proportionnel à la force nécessaire pour produire un allongement déterminé.

8. **Extension de la fonte de fer.** Des expériences sur la fonte de fer donnent des résultats analogues à ceux du fer forgé, mais moins réguliers. Le coefficient d'élasticité E pour les charges inférieures à 6^{kg} par mm.q. est d'environ 9.10^9, moins de la moitié de celui de la fonte, c'est-à-dire que, sous une même tension et avec les mêmes dimensions primitives, la fonte s'allonge plus que le fer dans le rapport de 20 à 9.

La rupture de la fonte a lieu sous une tension de $9^{kg},5$ à 13^{kg} par mm.q. Dans la pratique, la règle suivie est de ne faire subir à la fonte qu'une tension permanente qui n'excède pas le sixième de la charge produisant par extension la rupture, c.-à-d. de $1^{kg},5$ à 2^{kg} par mm.q. La valeur correspondante de i est de 0,00017 à 0,00022.

9. **Contraction latérale des prismes allongés.** Un prisme soumis à un effort longitudinal se rétrécit transversalement en même temps qu'il s'allonge, phénomène dont on peut apercevoir la cause dans la constitution des corps solides

naturels, considérés comme des assemblages de points matériels dont les actions mutuelles varient avec leurs distances.
Pour rendre cette considération sensible par un exemple
très-simple, imaginons un système de quatre points maté-
riels m', m'', m''' et m^{iv} (*fig.* 1), égaux et situés aux quatre
sommets d'un quarré. Supposons-le en équilibre sans l'ac-
tion d'aucune force extérieure; il n'est pas nécessaire pour
cela que les actions mutuelles entre ces quatre points soient
nulles; il suffit que la résultante des forces que chaque point
reçoit des trois autres le soit; qu'ainsi les forces que le point
m' reçoit des points m'' et m^{iv} dont il est plus voisin que de
m''' soient répulsives par suite de la supériorité de l'action
de la chaleur sur celle de la gravitation, et que, au contraire, la force dirigée suivant la diagonale soit attractive,
c.-à-d. qu'entre les deux points m' et m''' la gravitation,
quoique moindre qu'entre m' et m'', l'emporte sur la répul-
sion due à la chaleur et décroissant suivant une loi plus
rapide par l'augmentation de la distance. Supposons maintenant qu'aux deux points m' et m''' diagonalement opposés
soient appliquées deux forces extérieures F' et F'' égales et
contraires, qui tendent à écarter ces deux points. Pour que
le repos s'établisse après la déformation du système, il faut
non-seulement que la diagonale $m'm'''$ soit plus grande que
dans le premier cas, mais aussi que l'autre diagonale soit
diminuée; car le point m'' qui n'est soumis à aucune force
extérieure, doit être encore en équilibre sous l'action des
forces qu'il reçoit des trois points m', m''', m^{iv}. Si la distance
$m''m^{iv}$ restait la même, les forces répulsives totales entre
m'' et m' d'une part, et entre m'' et m''' d'autre part se trou-
veraient diminuées, parce que les distances $m''m'$ et $m''m'''$
seraient devenues plus grandes; l'angle $m'm''m'''$ serait d'ailleurs augmenté; donc par une double raison, la résultante
de ces deux forces serait diminuée, tandis que la force attractive entre m'' et m^{iv} serait restée la même, l'équilibre n'au-

rait par conséquent pas lieu, donc il faut, par compensation, que la diagonale $m''m^{iv}$ soit diminuée, ce qui augmente la plus petite et diminue la plus grande des forces inégales dont nous venons de parler.

La déformation contraire aurait lieu si les deux forces extérieures tendaient à rapprocher les deux points m', m'''; les deux autres devraient s'écarter pour que l'équilibre pût se rétablir.

Suivant une savante théorie due à M. Poisson, si un prisme homogène est soumis à des forces égales uniformément réparties sur les deux bases, la longueur et l'aire de la section droite du prisme étant L et Ω dans son état naturel, et devenant $L+\Delta L$ et $\Omega-\Delta\Omega$, on a, pourvu que la limite de l'élasticité ne soit pas dépassée,

$$\frac{\Delta\Omega}{\Omega}=\frac{1}{2}\frac{\Delta L}{L},$$

c.-à-d. que *la contraction superficielle par unité de la section droite est numériquement la moitié de l'extension par unité de longueur du prisme*, d'où l'on conclut, à cause de la petitesse de ces variations, que *la contraction linéaire relative en travers du prisme est le quart de son extension relative longitudinale* i.

On voit par là que dans la pratique la contraction latérale est peu sensible, sauf le cas de rupture imminente.

10. Compression d'un prisme chargé longitudinalement. L'expérience prouve que dans le cas de compression longitudinale, pourvu qu'on prenne les précautions convenables pour empêcher le prisme de fléchir, et que la pression reste suffisamment inférieure à la valeur qui produit l'écrasement, la relation $N=E\Omega i$ subsiste encore, le coefficient E conservant la même valeur, et les quantités N et i changeant de signe en même temps.

Quant à la limite pratique, la pression qu'on ne dépasse

pas ordinairement par mm.q. est de 6^{kg} pour le fer forgé qui s'écrase sous une pression de 25^{kg}, tandis qu'elle pourrait aller à plus de 10^{kg} pour la fonte qui ne s'écrase que sous une charge d'environ 60^{kg} par mm.q.

11. Conséquences des données expérimentales précédentes. Par la comparaison des coefficients d'élasticité du fer et de la fonte, ainsi que des tensions et pressions qui produisent leur rupture et leur écrasement, on voit que la fonte supporte une moindre tension et une plus forte pression que le fer, mais que, soit par extension, soit par compression, elle se déforme plus que le fer ; c'est ce qui porte à préférer ce dernier dans les ouvrages qui doivent être exposés à des efforts variables et où l'on désire éviter les déformations trop sensibles.

12. Maçonneries. Pour les ouvrages en pierre qui ne sont guère soumis qu'à des pressions, on admet assez généralement, d'après l'observation des constructions dont l'expérience a constaté la solidité, qu'on ne doit charger les maçonneries en pierres de taille que du dixième, et les maçonneries en moellons que du vingtième du poids qui suffirait pour écraser les matériaux dont elles sont composées.

§ II. De la déformation par glissement observée dans la torsion des prismes.

13. Angle de torsion. Résistance par unité de surface. Un prisme (ou portion de prisme) étant fixé vers l'une de ses extrémités et sollicité à l'autre bout par des forces qui équivalent à un couple situé dans un plan transversal, on remarque que sans altération sensible ni dans sa longueur ni dans la figure de sa section droite, il subit une torsion qui consiste en ce que les tranches transversales très-minces dont le prisme est composé tournent en glissant les unes relativement aux autres autour d'un axe intérieur du corps. L'équilibre qui s'établit, après cette déformation, exige que toute partie comprise entre l'extrémité fixe et un plan transversal, exerce sur la partie située de l'autre côté de ce plan, des forces dues au déplacement relatif de ces deux portions du même corps et réductibles à un couple égal et de sens contraire au premier. Si l'on appelle :

θ l'angle de torsion de la pièce, par unité de longueur,

$d\omega$ l'aire d'un élément superficiel pris dans une tranche quelconque,

r la distance de cet élément à l'axe qui ne change pas dans l'état de torsion,

on satisfait aux phénomènes observés en admettant que cet élément est sollicité à revenir à sa position naturelle par une force $F d\omega$ (analogue à la résistance au frottement d'un corps sur un autre), proportionnelle à l'aire $d\omega$, à l'angle de torsion θ et à la distance r. On pose donc

$$F d\omega = G \theta r d\omega \quad \text{ou} \quad F = G \theta r, \qquad [1]$$

équation dans laquelle F est la résistance, par unité de surface, tangentielle au cercle dont le rayon est r, et G est un coefficient à déterminer par expérience suivant la substance du prisme, et dont l'expression numérique dépend des unités auxquelles sont rapportés l'angle θ et les dimensions linéaires.

Cela étant, en désignant par $P p$ le moment résultant des forces qui agissent extérieurement sur le prisme, on doit avoir pour l'une des conditions de l'équilibre d'une portion quelconque de celui-ci, l'équation de moments autour de l'axe de torsion

$$P p = G \theta \int r^2 d\omega, \qquad [2]$$

et par suite de la relation précédente entre G et F,

$$\frac{F}{r} = \frac{Pp}{\int r^2 d\omega}.$$

L'intégrale $\int r^2 d\omega$ est le moment d'inertie de l'aire de la section droite du prisme autour de l'axe de torsion. En le représentant par I_1, on écrit ainsi les deux dernières équations :

$$Pp = G\theta I_1 \quad \text{et} \quad \frac{F}{r} = \frac{Pp}{I_1}.$$

14. L'axe de torsion passe par le centre de gravité des sections transversales. Lorsque la section droite du prisme est un cercle ou un polygone régulier, il est évident que l'axe de torsion passe par le centre de cette figure. En général les forces $G\theta r d\omega$ étant équivalentes à un couple, la somme de leurs projections sur un axe quelconque doit être nulle. Soit O (*fig.* 2) le centre de rotation d'une section transversale, et soient dans son plan deux axes rectangulaires Ox, Oy. En désignant par x et y les coordonnées de l'élément $d\omega$, on a la projection de $F d\omega$ ou $G\theta r d\omega$ sur Ox égale à

$$G\theta d\omega r \sin(r, x), \quad \text{ou} \quad G\theta y d\omega.$$

Or l'ensemble des forces $F d\omega$ faisant équilibre à un couple, la somme des projections de ces forces sur un axe est nulle ; donc $G\theta \int y d\omega = 0$, donc le centre de gravité est sur Ox, c'est-à-dire sur un axe quelconque passant en O ; donc il est en O.

15. Exemple. Lorsque la section droite est un cercle dont le rayon est r_1, on a

$$\int r^2 d\omega = \int_0^{r_1} r^2 . 2\pi r \, dr = \frac{\pi r_1^4}{2};$$

ainsi

$$Pp = \frac{1}{2} G \theta \pi r_1^4 \quad \text{et} \quad \frac{F}{r} = \frac{2Pp}{\pi r_1^4}.$$

16. Inclinaison des fibres longitudinales. Les molécules qui dans l'état naturel du corps étaient sur une parallèle à l'axe, à une distance r, se trouvent dans l'état de torsion situées sur une hélice dont l'angle α avec l'axe a sa tangente égale à θr; ainsi, d'après les équations [1] et [2], on a

$$\text{tang}\,\alpha = \frac{F}{G} \quad \text{ou bien} \quad \text{tang}\,\alpha = \frac{Ppr}{GI}.$$

17. Valeurs expérimentales de G et de la limite de F. En rapprochant de l'équation [2] les résultats de l'ensemble des expériences connues, on a été conduit, comme le dit M. Morin (ouvrage cité au n° 2), à admettre assez généralement pour le coefficient G les valeurs suivantes en kg.

Fer forgé, de 6000.10⁶ à 6666.10⁶		Cuivre	4366.10⁶
Acier d'Allemagne	6000.10⁶	Bronze	1066.10⁶
Acier fondu très-fin	10000.10⁶	Chêne	400.10⁶
Fonte	2000.10⁶	Sapin	433.10⁶

Ces valeurs supposent que l'angle θ est exprimé par le rapport de l'arc qui le mesure au rayon, que l'unité superficielle est le mètre quarré et que l'unité de force est le kilogramme.

D'après les expériences citées par le même auteur la valeur de tang α peut aller pour le fer forgé, sans altération de son élasticité, jusqu'à 0,0023, ce qui correspond à $F = G$ tang $\alpha = 60.23.10^4 = 14.10^6$, c'est-à-dire 14^{kg} par mm. q. Il a été reconnu qu'avec du fer très-doux l'inclinaison tang α pouvait être portée jusqu'à 0,124 (de sorte qu'une barre de fer quarré de 0ᵐ,056 de côté et de 8ᵐ de longueur a pu faire en se tordant quatre tours), sans rupture, mais non sans déformation permanente.

De ces observations et d'expériences directes faites sur la rupture du fer par cisaillement ou glissement transversal, on a conclu que dans la pratique, la limite de la valeur de F égale à $G\theta r$ peut être prise la même que dans le cas de l'extension, c.-à-d. $6^{kg}.10^6$ pour le fer forgé, et de $1,50.10^6$ à 2.10^6 pour la fonte. Les valeurs correspondantes de $\tang\alpha$, égales à $\dfrac{F}{G}$, sont $0,001$ pour le fer et de $0,00075$ à $0,001$ pour la fonte.

§ III. Généralités sur la flexion plane d'une pièce solide naturellement prismatique.

18. Plan de flexion. Forces élastiques. Effort tranchant. Tension moyenne. Moment fléchissant. Lorsqu'un corps prismatique est sollicité, dans l'espace compris entre l'une de ses extrémités et une section transversale, par des forces qui ne sont réductibles ni à une force unique dirigée suivant l'axe passant par les centres de gravité des sections droites, ni à un couple perpendiculaire à cet axe, l'équilibre ne peut s'établir à moins que ce corps ne se courbe d'une manière plus ou moins sensible.

Si la section transversale du prisme a des dimensions qui ne diffèrent pas trop entre elles, comme dans le cas d'une poutre ou d'une solive ordinaire, et si la limite de l'élasticité n'est pas dépassée, l'expérience constate, au moins approximativement, que les éléments matériels qui se trouvaient primitivement dans une tranche quelconque perpendiculaire aux arêtes longitudinales, restent encore après la déformation du solide, dans un plan normal aux courbes qui remplacent ces arêtes rectilignes, sans déformation notable de la tranche.

Nous admettrons dans tout ce qui suit que ces conditions soient remplies.

Soit A'A"L (*fig.* 3) une portion d'un prisme ainsi fléchi. Nous supposons, ce qui arrive le plus souvent dans la pratique, qu'elle soit sollicitée, dans l'intervalle du plan A'A" à l'extrémité L, par des forces extérieures P situées dans le plan de la figure ou symétriques deux à deux relativement à ce plan, et que ce même plan divisant le prisme en deux parties symétriques soit par conséquent *le plan de flexion*. Les tranches transversales dont nous venons de parler lui sont perpendiculaires.

L'équilibre n'existe sous l'action des forces P que parce que la portion A'A"L du prisme reçoit des molécules voisines, appartenant à la portion qui est de l'autre côté du plan A'A" (à gauche dans la figure), des forces qui réunies aux forces P satisfont, comme forces extérieures, aux conditions de cet équilibre. Ces forces dites *forces élastiques* peuvent être décomposées en forces parallèles au plan A'A" et en forces perpendiculaires à ce plan. De sorte que si nous prenons dans le plan de flexion deux axes Gx, Gy passant par le centre de gravité du plan A'A", et l'un perpendiculaire, l'autre parallèle à cette section, les forces élastiques qui lui sont parallèles ont leur résultante exprimée par $-\Sigma P_y$; celles qui lui sont perpendiculaires ont la leur égale à $-\Sigma P_x$, sauf le cas d'un couple; enfin la somme des moments des forces élastiques autour de l'axe projeté en G est égale à $-\Sigma \mathfrak{M}_G P$, le sens positif des moments des forces P allant en tournant de l'axe Gx vers l'axe Gy.

La force ΣP_y s'appelle l'*effort tranchant* des forces P, qui tend à faire glisser la portion du prisme située à droite de A'A" sur la partie à gauche, suivant ce plan.

La force ΣP_x étant divisée par l'aire Ω de la section, le quotient $\dfrac{\Sigma P_x}{\Omega}$ s'appelle la *tension moyenne* entre les deux portions contiguës au plan A'A". Elle devient pression moyenne quand la somme ΣP_x est négative, allant dans le sens de L vers G.

La somme $\Sigma \mathfrak{M}_G P$ s'appelle le *moment résultant des forces fléchissantes* ou plus simplement *moment fléchissant* des forces P autour de l'axe G.

Nous le désignerons souvent pour abréger par la lettre μ, et nous nous rappellerons qu'il est égal et contraire au moment résultant des forces élastiques exercées sur la partie GL du solide par la partie située de l'autre côté du plan A'A″.

19. **Répartition inégale de la tension.** Pour soumettre au calcul les forces élastiques, nous considérons le corps dont il s'agit comme composé, dans le voisinage du plan A'A″, de files de molécules, dites *fibres*, qui dans l'état primitif du solide étaient perpendiculaires à ce plan A'A″, et nous les imaginons coupées par un plan B'B″ infiniment voisin, contenant toutes les molécules qui avant la déformation se trouvaient dans une tranche parallèle à A'A″, comme la figure l'indique en b'b″, tandis que le plan B'B″ rencontre le plan A'A″ et le plan b'b″ suivant les droites projetées en C et en o. Il en résulte qu'en général certaines fibres, telles que Ab devenue AB, se sont raccourcies, et d'autres, telles que la fibre Mn devenue MN, se sont allongées, tandis que les fibres situées dans le plan Oo ont conservé leur longueur. Ces fibres ne sont pas restées exactement normales au plan A'A‴ puisqu'elles subissent des efforts transversaux dont la somme est ΣP_y. Mais on a vu par ce qui a lieu dans le cas de la torsion (15), que la déviation transversale, exprimée par $\tan g\alpha$, n'a qu'une très-petite valeur (environ 0,001 pour le fer et la fonte), pourvu que, comme nous le supposons, la limite de l'élasticité ne soit pas dépassée. En conséquence nous admettons que les composantes normales des forces élastiques qui

s'exercent en $A'A''$, suivent la même loi que si les fibres traversant ce plan lui étaient exactement perpendiculaires.

Si donc nous considérons autour de A dans le plan $A'A''$ un élément superficiel $d\omega$, à cet élément répond une force élastique normale exprimée en valeur absolue par $E\,d\omega\,\dfrac{bB}{Ab}$ et répulsive (dans le sens des x positifs), si bB est un raccourcissement; à un élément superficiel autour du point M pris entre O et A' répond une force attractive, négative,

$$E\,d\omega\frac{nN}{Mn},$$

Cela étant, appelons i comme au n° 3 l'allongement proportionnel ou par unité de longueur de la fibre passant par le centre de gravité G et dite *fibre moyenne*. Ainsi $i=\dfrac{hH}{Gh}$, et la tension de cette fibre, rapportée à l'unité de surface de sa base, est Ei (n° 6). Pour exprimer la pression sur la base de la fibre AB, désignons par v sa distance GA à l'axe projeté en G, et appelons V la distance GO au même axe des fibres projetées en Oo, dites *fibres neutres*, dont la longueur n'a pas varié. Nous avons pour la pression en A, vu la similitude des triangles obB, ohH et l'égalité $Ab=gH$,

$$E\,d\omega\,\frac{bB}{Ab}=E\,d\omega\,\frac{hH.(v-V)}{V}\cdot\frac{1}{Gh}=E\,d\omega.i\,\frac{v-V}{V},$$

et nous égalons cette quantité à $R\,d\omega$ en appelant R la pression par unité de base de la fibre AB. Nous avons ainsi

$$R=Ei\,\frac{v-V}{V}, \qquad\qquad [1]$$

équation applicable, eu égard aux signes, à toutes les fibres qui traversent le plan $A'A''$. Pour $v=V$ on a $R=0$; pour $v<V$ positif ou négatif, R est négative, c.-à-d. que la force élastique agit suivant les x négatifs; c'est une tension pro-

prement dite. C'est le contraire lorsque v est $> V$ comme pour la fibre AB de la figure; elle est soumise à une pression. Si l'on fait $v = o$, on retrouve $R = — E\,i$, c.-à-d. que la tension de la fibre moyenne GH est $E\,i$.

Introduisons l'expression des forces élastiques normales dans les équations d'équilibre de la portion A′A″L ; nous obtenons en étendant à toute la surface A′A″ les intégrales indiquées, et observant que $\int v\,d\omega = o$, puisque G est le centre de gravité de A′A″ : équation de projections

$$\Sigma P_x = — \int R\,d\omega = E\,i \int d\omega — \frac{E\,i}{V} \int v\,d\omega = E\,i\Omega, \quad [2]$$

équation de moments

$$\Sigma \mathfrak{M}_G P = \int R v\,d\omega = \frac{E\,i}{V} \int v^2\,d\omega — E\,i \int v\,d\omega = \frac{E\,i\,I}{V}. \quad [3]$$

On représente ici par I le moment d'inertie $\int v^2\,d\omega$ de la surface A′A″ autour de l'axe projeté en G, c.-à-d. mené dans le plan A′A″ par le centre de gravité perpendiculairement au plan de flexion.

Des équations [2], [3] et [1] on tire trois formules générales, eu égard aux signes :

$$i = \frac{\Sigma P_x}{E\,\Omega}, \quad V = \frac{I \Sigma P_x}{\Omega \Sigma \mathfrak{M}_G P} \quad \text{et} \quad R = \frac{v}{I} \Sigma \mathfrak{M}_G P — \frac{\Sigma P_x}{\Omega},$$

ou, en représentant par N la somme ΣP_x des projections ou composantes normales au plan A′A″ des forces P, et par μ la somme des moments de ces forces P autour de l'axe G, somme dite *moment fléchissant* (18),

$$i = \frac{N}{E\,\Omega}, \quad V = \frac{IN}{\Omega\mu} \quad \text{et} \quad R = \frac{v\mu}{I} — \frac{N}{\Omega}. \quad [4]$$

20. Valeur moyenne et valeurs extrêmes de la tension longitudinale. La première et la troisième de ces équations, quand dans celle-ci on fait $\nu = 0$, prouvent que l'allongement et la tension de la fibre moyenne GH sont les mêmes que si les forces P se réduisaient à une seule égale à ΣP_x et dirigée suivant cette fibre. Les deux quantités i et R au point G changent de signe quand ΣP_x est négative, et signifient alors raccourcissement et pression.

En donnant à ν ses deux valeurs extrêmes $-\nu'$ pour le point A' le plus éloigné de l'axe G du côté de la convexité, et ν'' pour le point analogue A'' du côté de la concavité, on aura les valeurs extrêmes de R, savoir :

$$R' = -\left(\frac{\nu'\mu}{I} + \frac{N}{\Omega}\right) \quad \text{et} \quad R'' = \frac{\nu''\mu}{I} - \frac{N}{\Omega}.$$

21. Autre forme des équations précédentes. Lorsque les forces P ont une résultante qui rencontre le plan A'A'' en un point D que nous supposerons à une distance u du centre de gravité, du côté des ν négatifs, on peut, sans altérer ni ΣP_x ni $\Sigma \mathfrak{M}_G P$, transporter la résultante en ce point, et ensuite la décomposer en deux forces, l'une N, perpendiculaire à A'A'', l'autre dans ce plan. Supposons N dans le sens des x positifs, et remplaçons I par Ωk^2, c.-à-d. que k est le rayon de giration de la section transversale A'A'' autour de l'axe projeté en G. Les formules [4] deviennent

$$i = \frac{N}{E\Omega}, \quad V = \frac{k^2}{u}, \quad R = \frac{N}{\Omega}\left(\frac{\nu u}{k^2} - 1\right). \qquad [5]$$

22. Exemple. Supposons une *section droite rectangulaire* dont la hauteur A'A'' soit b. On a alors

$$k^2 = \frac{1}{12}b^2, \quad V = \frac{b^2}{12u} \quad \text{et} \quad R = \frac{N}{\Omega}\left(\frac{12\nu u}{b^2} - 1\right).$$

Soit R' la pression par m.q. en A' où $\nu = -\frac{1}{2}b$, et soit

R'' la pression en A'' où $v = \frac{1}{2} b$, on a

$$R' = -\frac{N}{\Omega} \left(\frac{6u}{b} + 1 \right) \quad \text{et} \quad R'' = \frac{N}{\Omega} \left(\frac{6u}{b} - 1 \right),$$

d'où

$$\frac{R' + R''}{2} = \frac{N}{\Omega}.$$

Si l'on suppose $u = \frac{1}{6} b$, c.-à-d. que le point D est entre A' et A'', et que $A'D = \frac{1}{3} A'A''$, il en résulte

$$R' = 2 - \frac{N}{\Omega} \quad \text{et} \quad R'' = 0.$$

Si l'on fait $u = \frac{1}{2} b$, c'est-à-dire que D coïncide avec A', on trouve

$$R' = -4 \frac{N}{\Omega} \quad \text{et} \quad R'' = 2 \frac{N}{\Omega}.$$

Expérience. En éprouvant des barreaux de fonte de manière que la traction résultante fût, dans un cas, dirigée suivant l'axe de figure de la pièce, et, dans un autre cas, suivant une des faces, M. Hodgkinson a trouvé que pour la fonte essayée, la charge de rupture était, dans le premier cas, de $12^{\text{kg}},043$ par mm.q., et dans le second, de $4^{\text{kg}},124$. On remarquera que la théorie précédente, bien qu'elle indique la cause de ce fait, n'est pas présentée comme s'appliquant même approximativement aux cas de rupture.

23. Courbure de la fibre moyenne. Les plans $A'A''$ et $B'B''$ étant approximativement normaux à la fibre moyenne GH, le point C est le centre de courbure de cette fibre fléchie. D'après la figure et l'équation [3], on a, en négligeant i auprès de 1 et appelant ρ le rayon de courbure GC,

$$\frac{GC}{GH} = \frac{oh}{hH}, \quad ou \quad \frac{\rho}{(1+i)Gh} = \frac{V}{i.Gh};$$

d'où

$$\rho = \frac{V}{i} = \frac{EI}{\mu}. \qquad [6]$$

24. La quantité EI qui, multipliée par $\frac{1}{\rho}$, mesure de la courbure ou de la flexion, donne le moment fléchissant μ, égal et opposé au moment résultant des forces élastiques, se trouve souvent dans les formules. On la désigne pour abréger par la lettre ε, et c'est improprement qu'on l'a appelée moment de flexion, puisqu'elle est égale au produit d'une force par une surface ou d'un moment par une longueur.

25. **Fibre moyenne fléchie circulairement.** Il résulte de la formule $\rho = \dfrac{EI}{\mu} = \dfrac{\varepsilon}{\mu}$ que si le solide est exactement prismatique, dans son état naturel, entre deux sections A'A'', B'B''; si dans cet intervalle fini il n'est soumis à aucune force; et si les forces qui le sollicitent depuis B'B'' jusqu'à l'extrémité L sont équivalentes à un couple $(P, -P)$; dans ce cas, ε et μ étant des constantes pour tous les points de la fibre moyenne entre A'A'' et B'B'', il en est de même de ρ. Cette portion de fibre est donc fléchie circulairement.

26. **Équation de la fibre moyenne.** En prenant $y = f(x)$ pour l'équation de la fibre moyenne GL d'un solide prismatique, fléchie par les forces dont le moment est μ, mais naturellement droite quand ces forces n'agissent pas, on remarque que si l'axe des x est choisi de manière qu'en un des points de la courbe l'inclinaison $\dfrac{dy}{dx}$ ou $f'(x)$ sur cet axe soit petite comparativement à l'unité, il en sera de

même pour tout autre point de cette courbe dans les cas auxquels s'applique ordinairement l'équation [6]. On peut alors approximativement poser $\rho = \dfrac{1}{f''(x)}$ au lieu de

$$\rho = \frac{\left\{ 1 + [f'(x)]^2 \right\}^{\frac{3}{2}}}{f''(x)} \; (*).$$ On obtient ainsi

$$EI f''(x) = \Sigma \mathfrak{M}_G P, \quad \text{ou} \quad \varepsilon f''(x) = \mu; \qquad [7]$$

de sorte que si, pour toute la courbe GL, on a en fonction de x la somme des moments, autour d'un point quelconque de cette courbe, des forces extérieures qui agissent depuis ce point jusqu'à l'extrémité L inclusivement, et si ε est constant, ou plus généralement une fonction de x variant peu, il est possible de déterminer par l'intégration de l'équation [8] la courbe qu'affecte la suite des centres de gravité des sections transversales du solide fléchi.

27. Cas particulier, forces transversales. Lorsque les forces P ont une résultante parallèle à $A'A''$, ou bien lorsque ces

---

(*) La relation $\rho = \dfrac{1}{f''(x)}$ applicable au cas où l'inclinaison $f'(x)$ est petite, peut aisément se démontrer *à priori*. Soient sur la courbe deux points infiniment rapprochés M, M', dont la distance ds a sa projection sur l'axe des x égale à dx. Soient α et $\alpha + d\alpha$ les angles que les tangentes en M et M' font avec le même axe. $d\alpha$ est par conséquent l'angle que font entre elles ces deux tangentes. C'est aussi l'angle MCM' des deux normales en M et M'. La distance MC est le rayon de courbure ρ, et l'on a $\rho = \dfrac{ds}{d\alpha}$.

Or l'angle α étant petit peut être remplacé par sa tangente trigonométrique. On a donc

$$\alpha = f'(x), \quad \text{d'où} \quad d\alpha = f''(x)\,dx;$$

par conséquent

$$\rho = \frac{ds}{f''(x)\,dx} \quad \text{ou} \quad \rho = \frac{1}{f''(x)},$$

attendu que le rapport $\dfrac{dx}{ds}$ égal à $\cos\alpha$ ne diffère pas sensiblement de l'unité.

$$(21)$$

forces équivalent à un couple, les formules [4] deviennent, à cause de $\Sigma P_x = 0$,

$$i = 0, \quad V = 0, \quad \text{et} \quad R = \frac{v\mu}{I}. \qquad [8]$$

La surface des fibres neutres passe alors par les centres de gravité des sections transversales $A'A''$, $B'B''$. Si le moment fléchissant μ est positif, il y a pression et contraction du côté des v positifs, tension et allongement du côté opposé.

Du reste, les formules [6] et [7] subsistent sans changement dans ce cas.

Les nombreux exemples qu'on rencontre dans la pratique de pièces prismatiques sollicitées par des forces perpendiculaires à leur ligne moyenne, nous engagent à démontrer directement les importantes propriétés exprimées dans cette hypothèse, par les équations [6], [7] et [8].

Considérons (*fig.* 3) la fibre AB qui, étant comprimée, reçoit en A sur sa base $d\omega$ une pression que nous représentons par $R\,d\omega$, de sorte que R est au point A la pression par unité de surface exercée sur la partie du solide située à droite de $A'A''$ par la partie du même solide située à gauche. En vertu de la loi de l'élasticité (3) nous posons, d'après la figure, vu la similitude des triangles B b o, O o C, et les égalités A b = O o, b o = MO,

$$R = E\,\frac{\mathrm{B\,b}}{\mathrm{A\,b}} = E\,\frac{\mathrm{AO}}{\mathrm{OC}}.$$

R est variable avec AO, tandis que E et OC sont des constantes. Représentons AO par z, et l'équation

$$R\,d\omega = \frac{E}{\mathrm{OC}}\,z\,d\omega \qquad [9]$$

sera applicable à tout élément $d\omega$ pris dans la section $A'A''$, pourvu qu'on prenne z positif ou négatif, selon que cet élément superficiel sera au-dessous de O ou au-dessus, et pourvu que, dans ce dernier cas, il soit entendu que R devenant négatif, exprime une tension ou force agissant de droite à gauche.

Cela posé, toutes les forces élastiques $R\,d\omega$, les unes positives, les autres négatives, doivent, avec les forces de même nature parallèles au plan $A'A''$ et avec les forces P, satisfaire aux conditions d'équilibre.

La première et la plus simple de ces conditions s'exprime par

$$\Sigma R\,d\omega = \Sigma P_x.$$

Or $\Sigma P_x = o$, puisque les forces P ont leur résultante parallèle à $A'A''$ ou équivalent à un couple. Mettons pour $R\,d\omega$ son expression [9]; il vient

$$\frac{E}{OC}\,\Sigma z\,d\omega = o, \quad \text{d'où} \quad \Sigma z\,d\omega = o.$$

Donc l'axe projeté en O, qui traverse les fibres neutres, contient le centre de gravité G de la section $A'A''$, comme nous l'ont montré les équations $i = o$, $V = o$. Les points O et G se confondant, OC est le rayon de courbure ρ de la fibre moyenne; les distances désignées tout à l'heure par z sont celles que nous avons précédemment représentées par v, et l'équation [9] peut s'écrire ainsi

$$R\,d\omega = \frac{E}{\rho}\,v\,d\omega. \qquad [10]$$

La deuxième condition d'équilibre à laquelle doivent satisfaire les mêmes forces est l'équation des moments autour d'un axe. En prenant pour cet axe celui qui se projette en G, et en mettant pour la variable $R\,d\omega$ cette dernière expression, on a

$$\Sigma \mathfrak{M}_G P = \Sigma R\,d\omega \cdot v, \quad \text{ou} \quad \mu = \frac{E}{\rho}\,\Sigma v^2\,d\omega = \frac{EI}{\rho}.$$

Enfin, de cette relation identique avec la formule [6] et de l'équation [10], on conclut

$$R = \frac{v\mu}{I},$$

qui est la troisième équation [8].

§ IV. Formules des moments d'inertie de diverses surfaces planes.

28. Parallélogramme dont un côté est parallèle à l'axe du moment d'inertie (*fig.* 4).

$$I = \int_{-\frac{1}{2}c}^{\frac{1}{2}c} v^2 \, b \, dv = \frac{1}{12} bc^3 = \frac{1}{12} c^2 \Omega.$$

29. Rectangle évidé symétriquement (*fig.* 5). Le moment d'inertie est dans ce cas la différence de deux autres calculés par la formule précédente :

$$I = \frac{1}{12} \left(bc^3 - b'c'^3 \right).$$

30. Parallélogramme dont une diagonale est l'axe du moment d'inertie (*fig.* 6).

$$I = 2 \int_0^h v^2 \left(b - \frac{bv}{h} \right) dv = \frac{1}{6} bh^3 = \frac{1}{6} h^2 \Omega.$$

31. Section droite d'un cylindre ou d'un tuyau cylindrique. Soient (*fig.* 7) deux axes Ou, Ov. La figure étant la même par rapport à chacun d'eux, on a

$$I = \int v^2 d\omega \quad \text{et} \quad I = \int u^2 d\omega,$$

d'où

$$I = \frac{1}{2} \int \left(u^2 + v^2 \right) d\omega = \frac{1}{2} \int r^2 d\omega,$$

en appelant r la distance au centre O d'un élément superficiel quelconque $d\omega$. Ainsi le moment d'inertie autour de Ou est la moitié du moment d'inertie de la même surface autour de l'axe perpendiculaire projeté au centre O. Supposant que le cercle soit plein et son rayon r', on a

$$\int r^2 \, d\omega = \int_0^{r'} 2\pi r \, dr \cdot r^2 = \frac{1}{2}\pi r'^4 = \frac{1}{2} r'^2 \Omega,$$

donc

$$I = \frac{1}{4}\pi r'^4 = \frac{1}{4} r'^2 \Omega.$$

Si la surface est la section d'un tuyau dont les rayons soient r' et r'', on a

$$I = \frac{1}{4}\pi \left(r'^4 - r''^4 \right) = \frac{1}{4} \left(r'^2 + r''^2 \right) \Omega.$$

32. Ellipse pleine dont un des diamètres principaux est l'axe du moment d'inertie. En comparant l'ellipse dont les diamètres principaux sont $2a$ et $2b$ à un cercle dont le diamètre serait $2b$, on voit que les deux surfaces peuvent être décomposées en un même nombre de petits rectangles de même hauteur deux à deux et dont les bases sont dans le rapport de a à b. Donc (28) il en est de même des moments d'inertie, et l'on a (31)

$$I = \frac{1}{4}\pi b^4 \cdot \frac{a}{b} = \frac{1}{4}\pi ab^3$$

ou

$$I = \frac{1}{4} b^2 \Omega.$$

33. Triangle dont un côté est parallèle à l'axe du moment d'inertie. Les moments d'inertie qui entrent dans les formules du § III sont pris autour de droites passant par le centre de gravité des sections transversales. Lorsque celles-ci sont symétriques par rapport à l'axe des moments, il suffit de ne considérer que la moitié de la surface située d'un côté de cet axe, et de doubler le résultat. Dans d'autres cas, il peut être commode de prendre d'abord le moment d'inertie autour d'un axe ne passant pas par le centre de gravité, et parallèle à celui qui y passe.

On connaît ou l'on retrouve facilement la relation qui lie deux moments d'inertie d'un même corps ou d'une même surface autour de deux axes parallèles dont l'un passe par le centre de gravité. Soit $d\omega$ un élément superficiel, ν sa distance à un axe mené par le centre de gravité, y sa distance à un autre axe parallèle, a la distance des deux axes entre eux : on a

$$y^2 = (\nu \pm a)^2 \quad \text{et} \quad \int y^2 d\omega = \int \nu^2 d\omega + a^2 \Omega,$$

à cause de

$$\int \nu d\omega = 0.$$

Appliquons cette propriété au moment d'inertie du triangle proposé (*fig.* 8) autour de l'axe A x parallèle à la base b et passant au sommet : on a

$$\int y^2 d\omega = \int_0^h y^2 \frac{by}{h} dy = \frac{1}{4} bh^3,$$

donc autour de Gu

$$I = \frac{1}{4} bh^3 - \frac{bh}{2}\left(\frac{2}{3}h\right)^2 = \frac{1}{36} bh^3 = \frac{1}{18} h^2 \Omega.$$

34. **Surface plane quelconque** (*fig.* 9). Soit une surface KLMN terminée par deux droites KN, LM parallèles à l'axe A x du moment d'inertie, et par deux courbes KL, MN. Soit désignée par u la longueur d'une corde PQ parallèle à A x et par ν sa distance à cet axe. On a

$$I = \int_k^{k+l} \nu^2 u\, d\nu.$$

Pour avoir la valeur approximative de cette intégrale, on divise la distance l en un nombre pair n de parties égales; on mène, par les points de division, des cordes parallèles à l'axe qui, en y comprenant KN et LM, seront désignées par u_0, u_1, u_2, ..., u_n; on désigne par ∂ la distance $\dfrac{l}{n}$ de deux parallèles consécutives et l'on pose d'après la formule de Th. Simpson

$$I = \frac{\partial}{3}\left[k^2 u_0 + 4\,(k+\partial)^2\,u_1 + 2\,(k+2\,\partial)^2\,u_2 + 4\,(k+3\,\partial)^2\,u_3 + \ldots\right.$$
$$\left. + 4\,(k+l-\partial)^2\,u_{n-1} + (k+l)^2\,u_n \right].$$

Quand les courbes KL et MN sont peu accidentées, il suffit de faire $n = 4$. Les parallèles u_0 et u_n peuvent être nulles.

Passons aux diverses questions qu'on peut résoudre à l'aide des théorèmes du § III, suivant la situation des forces et suivant la figure du corps sur lequel elles agissent.

§ V. Flexion plane d'une pièce naturellement prismatique sous l'action de forces transversales.

35. **Cas de deux forces distinctes et d'une charge uniformément répartie.** Traitons d'abord, pour plus de clarté, une question peu compliquée. Un solide naturellement prismatique (*fig.* 10) a, dans l'état de flexion de sa partie comprise entre M_0 et l'extrémité M_2, sa fibre moyenne suivant la courbe $M_0 M_1 M_2$ qui fait au point donné M_0 avec l'horizon un petit angle dont la tangente trigonométrique est donnée α_0; il est sollicité en M_1 et à l'extrémité M_2 par deux forces verticales P_1, P_2. Il subit en outre sur sa longueur $M_0 M_2$ représentée par a une charge uniformément répartie désignée par pa, de sorte que p est la charge uniforme par mètre de longueur. On connaît le moment d'inertie I et le produit EI ou ε constant dans toute l'éten-

due de la pièce. On rapporte la courbe $M_0 M_1 M_2$ à deux axes, l'un horizontal, $M_0 x$, l'autre vertical, $M_0 y$, et l'on demande pour un point quelconque M dont on donne l'abscisse x : 1°. Quel est l'effort tranchant dans la section faite en ce point;

2°. Quelle est la pression longitudinale R positive ou négative, c'est-à-dire la pression proprement dite ou la tension en un point désigné de cette section;

3°. Quelle est l'inclinaison sur l'axe $M_0 x$ de la courbe $M_0 M_1 M_2$ au point M;

4°. Quelle est l'ordonnée y du même point.

36. **Efforts tranchants.** D'après la définition donnée au n° 18, si le point M est pris entre M_0 et M_1, l'effort tranchant est $P_1 + P_2 + p(a - x)$; pour un point situé entre M_1 et M_2, il serait $P + p(a - x)$. Pour une section faite tout près, mais avant le point M_1 (à gauche de ce point dans la figure), l'effort tranchant suivant la section transversale serait $P_1 + P_2 + p(a - l)$; tout près et au delà de M_1, il serait $P_2 + p(a - l)$.

37. **Tensions longitudinales.** Dans le cas actuel de forces toutes transversales, la fibre moyenne est aussi fibre neutre (n° 27). D'après la formule [8] de ce numéro, la pression pour une distance v à la fibre moyenne dépend du moment fléchissant qui suivant sa définition (18) a ici pour valeur, si le point M est entre M_0 et M_1,

$$\mu = P_1(l - x) + P_2(a - x) + \frac{1}{2} p (a - x)^2; \qquad [1]$$

si le point M était entre M_1 et M_2, on aurait seulement

$$\mu = P_2(a - x) + \frac{1}{2} p (a - x)^2. \qquad [2]$$

Le moment μ étant ainsi facilement trouvé, quelle que soit la valeur de x, on en conclura la pression en tout point désigné de la section, par la formule précitée $R = \dfrac{\nu\mu}{I}$.

Si les forces $P_1\,P_2\,p$ sont de même sens, sens adopté pour positif, μ l'est aussi. Les fibres situées au-dessus de la fibre moyenne, côté des ν négatifs, sont tendues et allongées ; celles qui sont au-dessous sont pressées et comprimées. La plus grande tension répond à la plus grande distance ν' du côté négatif ; elle est donc $\dfrac{\nu'\mu}{I}$. La plus grande pression répond à la plus grande distance ν'' du côté positif, elle est $\dfrac{\nu''\mu}{I}$.

Si les forces $P_1\,P_2\,p$ ne sont pas toutes de même sens, le signe variable de μ fait connaître le sens de la flexion au point variable M, et la formule $R = \dfrac{\nu\mu}{I}$ reste applicable eu égard aux signes de μ et de ν. En mettant pour ν ses deux valeurs extrêmes — ν' pour les points situés au-dessus de la couche des fibres neutres, et ν'' pour ceux qui sont au-dessous, on trouve toujours pour R deux valeurs de signes contraires : l'une positive, signifiant pression ; l'autre négative, signifiant tension. Si l'une des courbes, $M_0\,M_1$, $M_1\,M_2$, a un point d'inflexion, on en trouvera l'abscisse en posant pour cette courbe $\mu = 0$, et cherchant la valeur de x autre que $x = 0$ et $x = a$ qui satisfait à cette condition.

En tout point, extrême ou intermédiaire, où $\mu = 0$, il n'y a pour toute la section ni pression ni tension longitudinale ; la courbure est nulle et le mot *inflexion* signifie *non-flexion*.

38. Inclinaisons de la fibre moyenne. Remplaçons μ par $\varepsilon\,f''(x)$ dans l'équation [1] ; nous avons pour un point quelconque entre M_0 et M_1

$$\varepsilon\,f''(x) = \tfrac{1}{2}\,p\,(a^2 - 2\,ax + x^2) + P_1\,(l - x) + P_2\,(a - x),$$

d'où en multipliant par dx et en intégrant, eu égard à la condition que, pour $x = 0$, $f'(x)$ devienne α_0,

$$\varepsilon\left[f'(x) - \alpha_0\right] = \frac{1}{2} p \left(a^2 x - a x^2 + \frac{x^3}{3}\right) \left.\vphantom{\frac{x^3}{3}}\right\} \atop + P_1 \left(l x - \frac{x^2}{2}\right) + P_2 \left(a x - \frac{x^2}{2}\right). \qquad [3]$$

Pour les divers points de la courbe M_1 M_2 l'équation des moments se réduit à

$$\varepsilon f_1''(x) = \frac{1}{2} p \left(a^2 - 2 a x + x^2\right) + P_2 (a - x).$$

Multiplions par dx, et intégrons en déterminant les constantes de manière que les deux courbes $M_0 M_1$, $M_1 M_2$ aient la même tangente en M_1, de sorte que pour $x = l$, $f_1'(x)$ devienne égale à $f'(x)$. Nous avons ainsi de M_1 à M_2

$$\varepsilon\left[f_1'(x) - \alpha_0\right] = \frac{1}{2} p \left(a^2 x - a x^2 + \frac{x^3}{3}\right) \left.\vphantom{\frac{x^3}{3}}\right\} \atop + P_1 \frac{l^2}{2} + P_2 \left(a x - \frac{x^2}{2}\right). \qquad [4]$$

Les équations [3] et [4] résolvent la troisième question. Si la fibre moyenne après s'être abaissée se relève, ou l'inverse, on trouvera l'abscisse du maximum ou du minimum de l'ordonnée en posant $f'(x)$ ou $f_1'(x) = 0$ et en excluant les valeurs $x = 0$ et $x = a$.

39. **Ordonnées de la fibre moyenne.** Multiplions les équations [3] et [4] par dx et intégrons la première à partir de l'origine M_0 où l'on a simultanément $x = 0$ et $f(x) = 0$, la seconde à partir de M_1 et par conséquent en déterminant la constante de manière que pour $x = l$ les deux valeurs de $f(x)$ et de $f_1(x)$ deviennent égales. Remplaçons

d'ailleurs la notation $f(x)$ par y, il vient entre M_0 et M_1

$$\varepsilon(y - \alpha_0 x) = \frac{1}{2} p \left(\frac{a^2 x^2}{2} - \frac{a x^3}{3} + \frac{x^4}{12} \right) \left. \right\} \quad [5]$$
$$+ P_1 \left(l \frac{x^2}{2} - \frac{x^3}{6} \right) + P_2 \left(\frac{a x^2}{2} - \frac{x^3}{6} \right),$$

entre M_1 et M_2

$$\varepsilon(y - \alpha_0 x) = \frac{1}{2} p \left(\frac{a^2 x^2}{2} - \frac{a x^3}{3} + \frac{x^4}{12} \right) \left. \right\} \quad [6]$$
$$+ P_1 \frac{l^2 x}{2} - P_1 \frac{l^3}{6} + P_2 \left(\frac{a x^2}{2} - \frac{x^3}{6} \right).$$

C'est la réponse à la 4e question. Si, par exemple, on veut connaître l'ordonnée y_2 du point M_2, il faut faire dans la dernière équation $x = a$. Il vient

$$\varepsilon(y_2 - \alpha_0 a) = \frac{1}{8} p a^4 + \frac{1}{6} P_1 l^2 (3a - l) + \frac{1}{3} P_2 a^3. \quad [7]$$

Remarque. Si y_2 était donnée, cette équation servirait à déterminer l'une des autres quantités qu'elle contient, supposée inconnue.

Nous allons montrer par divers exemples l'usage qu'on peut faire des formules qui précèdent.

40. Cas particulier (*fig.* 11). $\alpha_0 = 0$, $P_1 = 0$, $P_2 = P$. L'équation des moments [1] se réduit à

$$\mu = \frac{1}{2} p (a - x)^2 + P (a - x)$$

qu'on trouverait immédiatement et qu'on peut écrire plus simplement en comptant les distances horizontales x' à partir de L vers M_0

$$\mu = \frac{1}{2} p x'^2 + P x'.$$

Si P est positif comme p, la plus grande valeur de μ est en M_0 où $x' = a$. C'est donc $\mu_0 = \left(\frac{1}{2} pa + P \right) a$, ce qui prouve que quant à l'état de tension et de flexion de la pièce prismatique en M_0 et par conséquent quant au danger de dépasser la limite d'élasticité, la charge répartie pa produit le même effet que si elle était réunie au milieu de $M_0 L$, ou que si, réduite à moitié, elle était appliquée à l'extrémité L.

Si la force P est négative et que la même lettre P désigne sa valeur absolue, l'équation précédente devient

$$\mu = \frac{1}{2} p x'^2 - P x' = \frac{1}{2} p x' \left(x' - \frac{2P}{p} \right).$$

La valeur de μ est donc représentée par l'ordonnée d'une parabole dont le *minimum* algébrique est $-\dfrac{P^2}{2p}$, répondant à $x' = \dfrac{P}{p}$. Tant que x' est $< \dfrac{2P}{p}$, μ est négatif, la courbe tourne sa concavité dans le sens de P. Si a est assez grand pour que x' devienne $> \dfrac{2P}{p}$, le moment μ est alors positif, et au point où $x' = \dfrac{2P}{p}$ la courbe a une inflexion. Dans ce cas la plus grande valeur absolue de μ est la plus grande des deux quantités

$$\frac{P^2}{2p} \quad \text{et} \quad \frac{1}{2} p a^2 - P a.$$

La valeur de y_2, quand on fait dans l'équation $[4]$ $\alpha = 0$, $P_1 = 0$, $P_2 = P$, devient

$$\gamma = \frac{1}{\varepsilon} \left(\frac{1}{8} p a^4 + \frac{1}{3} P a^3 \right) = \frac{a^3}{3\varepsilon} \left(\frac{3}{8} pa + P \right). \qquad [8]$$

Ainsi la partie de y_2 due à la charge pa uniformément répartie n'est que les $\frac{3}{8}$ de ce qu'elle serait si cette même charge était réunie à l'extrémité L.

41. Prisme reposant librement sur deux appuis de niveau (*fig.* 12). A et A′ sont les points d'appui qui sont supposés n'exercer que des réactions verticales. De A en A′ agit une charge uniformément répartie pa; en B s'exerce en outre la force distincte P. La statique fait connaître immédiatement les réactions, savoir :

$$\text{en A,} \quad \tfrac{1}{2}pa + P\frac{l'}{a},$$

$$\text{en A′,} \quad \tfrac{1}{2}pa + P\frac{l}{a}.$$

L'inclinaison α_0 au point A pris pour origine n'est pas donnée, mais elle se trouve déterminée par l'équation [7] dans laquelle on ferait $y_2 = 0$, $P_1 = P$ et $P_2 = -\left(\tfrac{1}{2}pa + P\frac{l}{a}\right)$; on peut dès lors résoudre toutes les questions indiquées aux nos 35 et suivants.

D'ailleurs la connaissance de α_0 n'est pas nécessaire pour calculer les efforts tranchants, et le moment μ d'où l'on conclut les pressions longitudinales. Pour un point M situé entre A et B, en appelant x la distance AM et prenant le sens ascendant pour le sens positif des forces, on a la somme des moments autour de M des forces qui agissent depuis ce point M jusqu'à A inclusivement, savoir :

$$\mu = \left(\tfrac{1}{2}pa + \frac{Pl'}{a}\right)x - \tfrac{1}{2}px^2 = \tfrac{1}{2}px\left(a + \frac{2Pl'}{pa} - x\right).$$

Cette quantité est proportionnelle au quarré de l'ordonnée répondant à l'abscisse x dans un cercle dont le diamètre égal à $a + \dfrac{2Pl}{pa}$ aurait son origine en A. Donc si l

est $< \frac{1}{2} a + \frac{Pl'}{pa}$, la plus grande valeur de μ sur la partie AB

a lieu au point B. Si $l > \frac{1}{2} a + \frac{Pl'}{pa}$, le maximum de μ répond

à $x = \frac{1}{2} a + \frac{Pl'}{2a}$.

On aura donc en choisissant $l > l'$, la plus grande valeur de μ, savoir : dans la première hypothèse,

$$\mu = \frac{ll'}{a} \left(P + \frac{1}{2} pa \right),$$

et dans la deuxième,

$$\mu = \frac{1}{2} p \left(\frac{1}{2} a + \frac{Pl'}{pl} \right)^2.$$

Les *inclinaisons et ordonnées* aux divers points seraient données par les équations [3], [4], [5] et [6]. Bornons-nous au cas plus particulier où le point B est le milieu de A A'. La courbe est horizontale en ce point et l'on obtient la flèche f en mettant, dans l'expression de y_2 du n° 40, $\frac{1}{2} a$ au lieu de a, $-\frac{1}{2} (P + pa)$ au lieu de P, et en changeant le signe du résultat qui devient

$$f = \frac{a^3}{48 EI} \left(P + \frac{5}{8} pa \right).$$

Donc, quant à la production de la flèche, la charge pa uniformément répartie équivaut à une force $\frac{5}{8} pa$ appliquée au milieu B.

42. **Prisme encastré en un point M_0 et reposant à l'extré-mité L sur un appui** [*fig.* 13]. On suppose que la partie de prisme $M_0 M_1 L$ soit assujettie en M_0 à une inclinaison connue α_0 à l'horizon ; qu'au point L dont l'ordonnée y_2 est

connue, ce corps repose sur un appui qui n'exerce qu'une réaction verticale; qu'au point M_1 il soit sollicité par la force verticale P; qu'enfin dans l'intervalle $M_0 L$ égal à a, il supporte une charge uniformément répartie pa. On pose les mêmes questions qu'au n° 35.

Suivant la remarque du n° 39, l'équation [7] dans laquelle on connaît $\gamma_2 - \alpha_0 a$ sert à déterminer la réaction inconnue P_2 de l'appui. En la représentant par $- Q$, et faisant $P_1 = P$, on trouve

$$Q = \frac{l^2 (3a - l)}{2 a^3} P + \frac{3}{8} pa - \frac{3 \varepsilon (\gamma_2 - \alpha_0 a)}{a^3}, \qquad [9]$$

et cette valeur substituée à $- P_2$ dans les diverses équations du n° 39 résoudra les questions proposées.

43. Cas particulier du numéro précédent, $\gamma_2 - \alpha_0 a = 0$ et $p = 0$. Donc $Q = \dfrac{l^2 (3a - l)}{2 a^3}$.

L'équation des moments [2] devient $\mu = - Q (a - x)$, ce qui montre que de M_1 en L la courbe est concave vers le haut, que sa courbure diminue de valeur absolue depuis M_1 jusqu'à L où elle est nulle.

L'équation [1] peut s'écrire ainsi :

$$\mu = P l - Q a - (P - Q) x.$$

Cette fonction étant du 1er degré a toutes ses valeurs comprises entre les deux extrêmes, savoir : pour $x = 0$, $P l - Q a$, et, pour $x = l$, $- Q (a - l)$.

La 2e est évidemment négative. La 1re est positive, sans quoi la courbe, partout concave vers le haut, ne pourrait passer en M_1.

Le point le plus bas de la courbe est au point dont l'abscisse rend $f'(x)$ nulle dans l'une ou l'autre des équations [3] et [4].

44. Cas encore plus particulier. Données précédentes et en outre $l = \frac{1}{2}a$. On trouve $Q = \frac{5}{16}P$, $Pl - Qa = \frac{3}{16}Pa$, $-Q(a-l) = -\frac{5}{32}Pa$. Le plus grand moment fléchissant est en M_0 et a pour valeur $\frac{3}{16}Pa$. L'équation [4] où l'on fait $f_1(x) = 0$ fait connaître, eu égard aux données et à la valeur de $Q = \frac{5}{16}P$, l'abscisse du point le plus bas de la courbe $x = a\left(1 - \sqrt{\frac{1}{5}}\right)$, et ces valeurs de Q et de x substituées dans l'équation [5] donnent l'ordonnée du même point ou la flèche

$$f = \frac{1}{48}\sqrt{\frac{1}{5}}\frac{Pa^3}{EI} = \frac{0,45}{48}\frac{Pa^3}{EI},$$

tandis que si la pièce était librement posée aux deux bouts, la flèche (34) serait $\frac{1}{48}\frac{Pa^3}{EI}$.

45. Autre cas particulier du n° 42. $\alpha_0 = 0$, $h = 0$, $P = 0$. La formule [9] donne $Q = \frac{3}{8}pa$ et l'équation [1] devient pour toute la courbe

$$\mu = \frac{1}{2}pa(a-x)\left(\frac{1}{4}a - x\right), \qquad [10]$$

μ se réduit à zéro par $x = a$ et par $x = \frac{1}{4}a$, qui correspond au point d'inflexion.

Le maximum de courbure entre le point d'inflexion et l'extrémité simplement appuyée L s'obtient en égalant à zéro la dérivée de μ, savoir:

$$-\frac{1}{4}a + x - a + x = 0; \quad \text{d'où} \quad x = \frac{5}{8}a \quad \text{et} \quad \mu = \frac{9}{128}pa^2.$$

3.

A partir de l'extrémité M_0 jusqu'au point d'inflexion, μ et la courbure diminuent ; la plus grande valeur obtenue en faisant $x = 0$ dans $[10]$, est

$$\mu_0 = \frac{1}{8}\,pa^2 = \frac{16}{128}\,pa^2,$$

et excède le maximum ci-dessus trouvé qui a lieu au delà du point d'inflexion.

Lorsque la pièce est simplement posée à ses deux extrémités (41) le maximum de μ est également $\frac{1}{8}\,pa^2$; mais il a lieu au milieu de la pièce.

Le point le plus bas de la courbe s'obtient en faisant dans l'équation $[3]$ $f'(x) = 0$, $\alpha_0 = 0$, $P_1 = 0$, $P_2 = -\frac{3}{8}\,pa$; on supprime le facteur x qui répond au point M_0 ; on a

$$x^2 - \frac{15}{8}\,ax + \frac{3}{4}\,a^2 = 0 ; \quad \text{d'où} \quad x = 0,578\,a.$$

En substituant cette valeur dans l'équation $[5]$, on trouve pour la flèche f

$$EIf = 0,0067\,pa\,.\,a^3, \quad .$$

tandis que si la pièce est librement posée aux deux bouts (41), on a $\dfrac{EIf}{pa\,.\,a^3} = \dfrac{5}{384} = 0,013.$

46. Voici maintenant un cas qui n'est pas, comme les précédents, immédiatement compris dans le problème du n° 35, et dont la solution exige un complément de méthode.

Portion de prisme encastrée à ses extrémités (*fig.* 14). Cette portion dont la ligne moyenne fléchie est $M_0\,M_1\,M_2$ est assujettie à rester horizontale aux points de niveau M_0 et M_2, par des appuis qui à gauche de M_0 et à droite de M_2 n'exercent que des forces verticales, les unes ascendantes, les autres descendantes. Au point M_1 agit une force verticale P_1, et dans la longueur a de M_0 à M_2 s'exerce une charge pa uniformément répartie. On propose les mêmes questions qu'au n° 35.

Concevons une section transversale faite très-près et à gauche du point M_2. La partie du solide qui reste au delà, à droite de cette section, exerce sur le solide $M_0 M_2$, situé à gauche, des forces qui se réduisent à un effort tranchant vertical Q et à un couple également inconnu dont nous représentons le moment par μ_2. De même la partie du solide située à gauche d'une section faite près et à droite du point M_0 exerce sur la partie $M_0 M_2$ un effort tranchant Q_0, et des forces longitudinales équivalentes à un couple $-\mu_0$. La statique ne nous donne que deux équations entre les quatre inconnues Q_0, Q, μ_0 et μ_2, savoir :

$$Q + Q_0 = P + pa \quad \text{et} \quad \mu_2 - \mu_0 + P l_1 + \frac{1}{2} pa^2 = Qa.$$

La théorie de l'élasticité doit fournir deux autres équations.

En imitant la marche suivie aux n°s 38 et 39 avec cette différence qu'on a égard au moment μ_2, on a pour un point M de la courbe $M_0 M_1$ l'équation des moments ci-après et ses conséquences obtenues par deux intégrations successives

$$\varepsilon f''(x) = \frac{1}{2} p (a-x)^2 + P (l_1-x) - Q (a-x) + \mu_2,$$

$$\varepsilon f'(x) = \frac{1}{2} p \left(a^2 x - ax^2 + \frac{x^3}{3} \right) + P \left(l_1 x - \frac{x^2}{2} \right)$$
$$- Q \left(ax - \frac{x^2}{2} \right) + \mu_2 x, \qquad [11]$$

$$\varepsilon y = \frac{1}{2} p \left(\frac{a^2 x^2}{2} - \frac{ax^3}{3} + \frac{x^4}{12} \right) + P \left(\frac{l_1 x^2}{2} - \frac{x^3}{6} \right)$$
$$- Q \left(\frac{ax^2}{2} - \frac{x^3}{6} \right) + \mu_2 \frac{x^2}{2}.$$

(38)

Pour un point de la courbe $M_1 M_2$, on a de même, eu égard à la tangente commune,

$$\varepsilon f''_1(x) = \frac{1}{2} p (a-x)^2 - Q(a-x) + \mu_2,$$

$$\varepsilon f'_1(x) = \frac{1}{2} p \left(a^2 x - ax^2 + \frac{x^3}{3} \right) + \frac{P l_1^2}{2}$$

$$- Q \left(ax - \frac{x^2}{2} \right) + \mu_2 x,$$

$$\varepsilon y_1 = \frac{1}{2} p \left(\frac{a^2 x^2}{2} - \frac{ax^3}{3} + \frac{x^4}{12} \right) + \frac{P l_1^2 x}{2} - \frac{P l_1^3}{6}$$

$$- Q \left(\frac{ax^2}{2} - \frac{x^3}{6} \right) + \mu_2 \frac{x^2}{2}.$$

$$[12]$$

Les deux dernières équations doivent être vérifiées par $x = a$, $f'_1(a) = 0$ et $y = 0$. Ainsi

$$0 = \frac{1}{6} pa^3 + P \frac{l_1^2}{2} - Q \frac{a^2}{2} + \mu_2 a,$$

$$0 = \frac{1}{8} pa^4 + P \frac{l_1^2}{2} \left(a - \frac{l_1}{3} \right) - Q \frac{a^3}{3} + \mu_2 \frac{a^2}{2},$$

$$[13]$$

deux équations du 1er degré pour deux inconnues Q et μ_2. Ces quantités déterminées, leur substitution dans les équations [11] et [12] servira à trouver le moment fléchissant, l'inclinaison et l'ordonnée en un point quelconque.

47. **Cas particulier. Mêmes données et** $p = 0$. Pour simplifier les calculs, nous faisons abstraction du poids ou de la charge répartie. Les équations (13) donnent alors

$$Q = P \frac{l_1^2 (3a - 2l_1)}{a^3} \quad \text{et} \quad \mu_2 = P \frac{l_1^2 (a - l_1)}{a^2} = P \frac{l_1^2 l_2}{a^2}.$$

La première des équations [11] se réduit au 1er degré en x par $p = 0$; il s'ensuit que de M_0 à M_1, le plus grand moment est à l'un de ces deux points. En faisant $x = l_1$ dans cette équation et en y substituant les valeurs précédentes de Q et de μ_2, on a le moment fléchissant en M_1,

$$\mu_1 = \frac{2\,P\,l_1^2\,l_2^2}{a^3}.$$

D'ailleurs, en remplaçant l_1 par l_2 et *vice versâ* dans l'expression de μ_2, on a celle de μ_0 en M_0,

$$\mu_0 = \frac{P l_1 l_2^2}{a^2}.$$

Donc les trois moments μ_0, μ_1, μ_2 sont entre eux comme $\frac{1}{l_1}$, $\frac{2}{a}$ et $\frac{1}{l_2}$.

48. Cas plus particulier : $p = 0$ et $l_1 = \frac{1}{2}\,a$. On a, en appelant f la flèche,

$$\mu_0 = \mu_1 = \mu_2 = \frac{1}{8}\,P a, \quad Q = \frac{1}{2}\,P \quad \text{et} \quad EIf = \frac{1}{24}\,P\left(\frac{a}{2}\right)^3;$$

tandis que si la pièce était simplement posée (34), on aurait

$$EIf = \frac{1}{6}\,P\left(\frac{a}{2}\right)^3.$$

Entre M_0 et M_1 est un point d'inflexion où $\mu = 0$ et $x = \frac{1}{4}\,a$.

49. Autre cas particulier. Mêmes hypothèses qu'au n° 46 et $P = 0$. Les équations [13] donnent

$$Q = \frac{1}{2}\,p a \quad \text{et} \quad \mu_2 = \frac{1}{12}\,p a^2.$$

La première équation [11] devient

$$\mu = \frac{1}{2}\,p\left(\frac{1}{6}\,a^2 - ax + x^2\right).$$

On en conclut qu'au milieu de la pièce, on a

$$\mu = -\frac{1}{24}\,pa^2 = -\frac{1}{2}\,\mu_2.$$

C'est donc aux points M_0 et M_2 qu'a lieu la plus grande valeur absolue du moment fléchissant.

Entre chaque extrémité et le milieu, il y a une inflexion qu'on obtient en faisant $\mu = 0$; d'où

$$x = \frac{1}{2}\,a\left(1 - \sqrt{\frac{1}{3}}\right) = 0,211\,a.$$

En faisant $x = \frac{1}{2}\,a$, $P = 0$, $Q = \frac{1}{2}\,Pa$ et $\mu_2 = \frac{1}{12}\,pa^2$ dans la troisième équation [11], on a pour la flèche f la relation

$$EIf = \frac{1}{24}\,p\left(\frac{a}{2}\right)^4 \quad \text{au lieu de} \quad EIf = \frac{5}{24}\,p\left(\frac{a}{2}\right)^4,$$

qu'on trouverait si la pièce était simplement posée (34).

50. **Remarque.** Bien que dans les questions précédentes nous n'ayons supposé qu'une force distincte intermédiaire P ou P_1, on comprend que la méthode indiquée s'appliquerait sans difficulté avec des calculs plus étendus, à un nombre quelconque de forces transversales. Mais nous allons généraliser la question en supposant que le solide, dont la fibre moyenne est naturellement droite, est formée de parties prismatiques dans lesquelles la quantité EI ou ε est constante pour chacune de ces parties, mais variable de l'une à l'autre, et en supposant en outre que ces parties supportent des charges réparties dont l'intensité par unité de longueur est variable d'une partie à l'autre, quoique constante pour chacune d'elles.

§ VI. Flexion plane d'un solide composé de parties naturellement
prismatiques, mais de sections droites différentes, sous l'action
de forces transversales.

51. **Questions à résoudre.** Soit (*fig.* 15) $M_0 M_1 \ldots M_n$ la
fibre moyenne d'une portion du solide, fléchie sous l'action
de forces qu'on peut, pour fixer les idées, supposer toutes
verticales, mais d'ailleurs descendantes ou ascendantes.
Dans chacun des n intervalles $M_0 M_1$, $M_1 M_2$, $\ldots M_{n-1} M_n$
dont les longueurs sont l_1, l_2, $\ldots l_n$, ce solide est prismatique, et le produit EI prend successivement les valeurs ε_1,
ε_2, $\ldots \varepsilon_n$. Aux points M_1, M_2, $\ldots M_{n-1}$ s'exercent les forces
P_1, P_2, $\ldots P_{n-1}$. Dans les n intervalles $M_0 M_1$, $M_1 M_2$, $\ldots$
$M_{n-1} M_n$, agissent des forces uniformément réparties, ayant
les valeurs $p_1 l_1$, $p_2 l_2$, $\ldots p_n l_n$. Au delà du point M_n agissent
des forces verticales Q, Q', $\ldots$, d'où il résulte que la partie
du solide située à gauche (eu égard à la position de la
figure) d'une section transversale passant par le point M_n
reçoit, des molécules voisines appartenant à la partie située
à droite, des forces élastiques qui sont équivalentes : 1° à
un effort tranchant F_n égal à la résultante de translation
des forces Q, Q', $\ldots$ transportée dans cette section, et 2° à
un couple dont le moment μ_n est égal à la somme des moments des mêmes forces Q, Q', $\ldots$ autour de l'axe projeté
en M_n. Réciproquement la partie du solide située à droite
du point M_n reçoit des molécules voisines qui appartiennent
à la partie située à gauche, des forces élastiques qui se réduisent à un effort tranchant $-F_n$ égal et opposé à F_n et à
un couple dont le moment $-\mu_n$ est égal et opposé de sens
à μ_n. De même sur la partie située à gauche de M_0 agissent
des forces Q_0, Q'_0, $\ldots$ en équilibre avec les forces élastiques
exercées par la partie située à droite, lesquelles se réduisent :

1° à un effort tranchant F_0 égal à la résultante de translation de toutes les forces extérieures qui agissent depuis M_0 jusqu'à l'extrémité L, et 2° à un couple dont le moment μ_0 est égal à la somme des moments des mêmes forces autour de l'axe projeté en M_0; et réciproquement la partie du solide située à droite du point M_0 subit, de la part de celle qui est à gauche, des forces élastiques qui équivalent à un effort tranchant $-F_0$ et à un couple dont le moment est $-\mu_0$.

En général M étant un point quelconque de la fibre moyenne, il s'exerce entre les molécules voisines, à droite et à gauche d'un plan transversal passant par ce point, des forces mutuelles égales et opposées : la partie située à gauche reçoit de celle qui est à droite des forces réductibles à un effort tranchant que nous désignons par F et à un couple dont le moment, appelé moment fléchissant, est désigné par μ. Nous choisissons pour le sens positif de F le sens descendant qui est aussi celui des forces $P_1 P_2 \ldots p_1 p_2 \ldots$; le sens positif du moment μ est de droite à gauche par en bas. La partie située à droite du plan transversal en M reçoit de l'autre des forces équivalentes à un effort tranchant $-F$ et à un couple dont le moment est $-\mu$.

Cela posé, nous allons rechercher les relations qui lient les diverses quantités qu'il peut être utile de considérer dans le solide depuis le point M_0 jusqu'au point M_n, savoir : les longueurs $l_1, l_2, \ldots$, les quantités $\varepsilon_1, \varepsilon_2, \ldots$, les forces extérieures $P_1, P_2, \ldots p_1, p_2 \ldots$, les efforts tranchants, les moments fléchissants, les inclinaisons de la fibre moyenne, et les coordonnées de ses différents points.

52. Efforts tranchants. Si le point M est supposé entre M_0 et M_1, et si l'on désigne par x la distance $M_0 M$, en considérant la partie du solide comprise entre les deux plans transversaux passant par M et M_n, on voit que les forces extérieures sous l'action desquelles cette partie est en équilibre sont : les deux couples extrêmes dont les moments sont $-\mu$ et μ_n, et les forces parallèles $-F$, P_1, P_2, P_3, ..., P_{n-1}, F_n, $p_1(l_1-x)$, $p_2 l_2$, $p_3 l_3$ ... $p_n l_n$. L'une des équations d'équilibre consiste en ce que la somme algébrique de ces forces parallèles est nulle. Il serait très-facile d'obtenir une équation analogue pour le cas où le point M serait dans un autre intervalle.

Si à droite et à gauche du point M on imagine deux plans transversaux infiniment voisins, les efforts tranchants que subit la tranche infiniment mince qu'ils comprennent, de la part des deux autres parties du solide, sont égaux et de sens contraires, parce qu'auprès de ces forces finies disparaît la force infiniment petite due à la charge répartie d'une manière continue; mais il n'en est pas de même d'une tranche comprise entre deux plans voisins du point M_1, l'un à droite, l'autre à gauche. Outre l'effort tranchant F_1 du côté droit et l'effort tranchant $-F'_1$ du côté gauche, la tranche subit encore la force P_1; il faut donc pour l'équilibre qu'on ait l'équation

$$F_1 + P_1 - F'_1 = 0. \qquad [1]$$

Cela entendu, cherchons les relations qui existent entre les efforts tranchants extrêmes F_0 et F_n, et les efforts tranchants F_1, F_2, ... F_{n-1} qui ont lieu à droite des points M_1, M_2, ... M_{n-1}.

La partie du solide comprise entre un plan passant en M_0 ou très-près de M_0, et un plan très-près et à droite de M_1, est en équilibre sous l'action de forces extérieures qui se réduisent aux deux couples $-\mu_0$ et μ_1 et aux forces verticales $-F_0$, F_1, $p_1 l_1$ et P_1. On a donc

$$F_1 + p_1 l_1 + P_1 - F_0 = 0,$$

d'où

$$F_0 \quad - F_1 \quad = p_1\, l_1 \quad + P_1.$$

On a de même pour les intervalles suivants, en augmentant successivement les indices d'une unité :

$$
\begin{aligned}
F_1 \quad - F_2 &= p_1\, l_2 \quad + P_2, \\
&\cdots\cdots\cdots\cdots\cdots\cdots\cdots\cdots, \\
F_{n-2} - F_{n-1} &= p_{n-1}\, l_{n-1} + P_{n-1}, \\
F_{n-1} - F_n &= p_n \quad l_n,
\end{aligned}
\qquad [2]
$$

n équations entre les $n+1$ efforts tranchants au delà et près des points M_0, M_1, M_2,... M_n.

Quant à l'effort tranchant F au point M entre M_0 et M_1, on trouve par la considération de l'équilibre de la partie comprise entre M et le plan transversal situé près et au delà de M_0, en appelant x la distance $M_0 M$, l'équation

$$F = F_0 - p x, \qquad [3]$$

formule applicable aux autres intervalles en augmentant les indices et appelant toujours x la distance du point considéré à l'extrémité gauche de l'intervalle où il se trouve.

53. **Moments fléchissants.** Soient désignés par μ_0, μ_1, μ_2,..., μ_n, les moments fléchissants qui correspondent aux points M_0, M_1, M_2,..., M_n.

Considérons, comme ci-dessus, la portion de solide fléchi comprise entre un plan transversal passant en M_0 ou près de M_0 et un plan passant en M_1 ou très-près de M_1, et posons l'équation des moments autour de l'axe projeté en M_1 de toutes les forces extérieures précédemment énumérées, en remarquant : 1° que, quel que soit l'axe perpendiculaire au plan de flexion, les couples ont toujours les mêmes moments ; 2^0 que la résultante des forces dont la somme est $p_1 l_1$ passe au milieu de $M_0 M_1$; 3° que les moments des forces F_1 et P_1 sont nuls autour de M_1.

Cette équation est

$$\mu_1 - \mu_0 + F_0 l_1 - \frac{1}{2} p_1 l_1^2 = 0,$$

d'où

$$\mu_0 - \mu_1 = F_0 l_1 - \frac{1}{2} p_1 l_1^2.$$

On a de même pour les intervalles suivants :

$$\left.\begin{aligned}
\mu_1 - \mu_2 &= F_1 l_2 - \frac{1}{2} p_2 l_2^2, \\
\cdots\cdots\cdots\cdots\cdots\cdots\cdots\cdots \\
\mu_{n-2} - \mu_{n-1} &= F_{n-2} l_{n-1} - \frac{1}{2} p_{n-1} l_{n-1}^2, \\
\mu_{n-1} - \mu_n &= F_{n-1} l_n - \frac{1}{2} p_n l_n^2,
\end{aligned}\right\} \qquad [4]$$

n équations entre les $n + 1$ moments fléchissants qui correspondent aux points M_0, M_1, M_2, ..., M_n.

μ étant le moment fléchissant qui correspond à un point quelconque M, supposons ce point entre M_0 et M_1 ; posons $M_0 M = x$, et faisons pour la portion de prisme comprise entre M_0 et M, ce que nous avons fait pour la portion $M_0 M_1$, en prenant les moments autour de l'axe projeté en M des forces qui la sollicitent ; nous avons ainsi

$$\mu - \mu_0 + F_0 x - \frac{1}{2} p_1 x^2 = 0. \qquad [5]$$

μ étant calculé d'après cette équation pour la section passant par M, on aura la pression R, au point de cette section dont la distance à l'axe M est ν, par la formule [8] du n° 27.

54. Inclinaisons de la fibre moyenne sur l'axe O x. Remplaçons μ par sa valeur $E I f''(x)$ que nous représentons par $\varepsilon_1 f''(x)$, en supposant, comme nous l'avons dit, que le produit ε_1 soit constant dans l'intervalle $M_0 M_1$. Multiplions l'équation [5] par dx et intégrons depuis $x = 0$ jusqu'à x quelconque, mais moindre que l_1. Nous obtenons en appelant α_0 la tangente de l'angle que fait avec O x la fibre moyenne en M_0,

$$\varepsilon_1 \left[f'(x) - \alpha_0 \right] = \mu_0 x - F_0 \frac{x^2}{2} + p_1 \frac{x^3}{6}. \qquad [6]$$

Il est clair que l'on aurait une équation pareille pour un point situé dans l'un quelconque des intervalles $M_1 M_2$, $M_2 M_3$, ..., $M_{n-1} M_n$, l'inclinaison $f'(x)$ dépendant de celle qui a lieu à l'extrémité gauche de cet intervalle.

Soient α_1, α_2, α_3, ..., les inclinaisons correspondantes aux points M_1, M_2, M_3.... En faisant, dans l'équation [6], $x = l_1$, nous aurons

$$\alpha_1 - \alpha_0 = \frac{1}{\varepsilon_1} \left(\mu_0 l_1 - \frac{1}{2} F_0 l_1^2 + \frac{1}{6} p_1 l_1^3 \right),$$

et de même pour les intervalles suivants en augmentant successivement les indices d'une unité,

$$\alpha_2 - \alpha_1 = \frac{1}{\varepsilon_2} \left(\mu_1 l_2 - \frac{1}{2} F_1 l_2^2 + \frac{1}{6} p_2 l_2^3 \right), \qquad [7]$$

$$\cdots\cdots\cdots\cdots\cdots\cdots\cdots\cdots\cdots\cdots$$

$$\alpha_n - \alpha_{n-1} = \frac{1}{\varepsilon_n} \left(\mu_{n-1} l_n - \frac{1}{2} F_{n-1} l_n^2 + \frac{1}{6} p_n l_n^3 \right),$$

n équations entre les $n + 1$ inclinaisons $\alpha_0, \alpha_1, ..., \alpha_n$.

55. Ordonnées de la fibre moyenne. Multiplions l'équation [6] par dx et intégrons depuis $x = 0$ jusqu'à x quelconque moindre que l_1. Nous obtenons en remplaçant $f(x)$ par y et appelant y_0 l'ordonnée de M_0,

$$\varepsilon_1 (y - y_0) = \varepsilon_1 \alpha_0 x + \frac{1}{2} \mu_0 x^2 - \frac{1}{6} F_0 x^3 + \frac{1}{24} p_1 x^4. \quad [8]$$

On aurait une équation pareille pour un point situé dans l'un quelconque des intervalles $M_1 M_2$, $M_2 M_3$,..., $M_{n-1} M_n$; de sorte que l'ordonnée y dépend de celle qui a lieu à la première extrémité de cet intervalle.

Soient $y_1, y_2, \ldots, y_n$, les ordonnées des points M_1, $M_2, \ldots, M_n$. En faisant $x = l_1$ dans l'équation [8], on a

$$y_1 - y_0 = \alpha_0 l_1 + \frac{1}{\varepsilon_1} \left(\frac{1}{2} \mu_0 l_1^2 - \frac{1}{6} F_0 l_1^3 + \frac{1}{24} p_1 l_1^4 \right),$$

et de même pour les intervalles suivants, en augmentant successivement les indices d'une unité,

$$y_2 - y_1 = \alpha_1 l_2 + \frac{1}{\varepsilon_2} \left(\frac{1}{2} \mu_1 l_2^2 - \frac{1}{6} F_1 l_2^3 + \frac{1}{24} p_2 l_2^4 \right),$$

$$\cdots \cdots \cdots \cdots \cdots \cdots \cdots \cdots \cdots$$

$$y_n - y_{n-1} = \alpha_{n-1} l_n + \frac{1}{\varepsilon_n} \left(\frac{1}{2} \mu_{n-1} l_n^2 - \frac{1}{6} F_{n-1} l_n^3 + \frac{1}{24} p_n l_n^4 \right). \qquad [9]$$

On a ainsi n équations entre les $n + 1$ ordonnées $y_0, y_1, y_2, \ldots, y_n$.

56. Récapitulation des formules précédentes. Les équations de [2] à [9] renferment $8n + 8$ quantités dont les unes peuvent être connues et les autres inconnues, savoir:

$n+1$	longueurs.................	$l_1, l_2, \ldots, l_n, x,$		
n	produits EI...............	$\varepsilon_1, \varepsilon_2, \ldots, \varepsilon_n,$		
$n-1$	forces distinctes intermédiaires.	$P_1, P_2, \ldots, P_{n-1},$		
n	valeurs des forces réparties....	$p_1, p_2, \ldots, p_n,$		
$n+2$	efforts tranchants aux points $M_0,$ M_n et M, et au delà des points $M_1, M_2, \ldots, M_{n-1}$	$F_0, F_1, F_2, \ldots, F_n, F,$	$n+1$ équations [2] et [3],
$n+2$	moments fléchissants...........	$\mu_0, \mu_1, \mu_2, \ldots, \mu_n, \mu,$	$n+1$ » [4] et [5],
$n+2$	inclinaisons.................	$\alpha_0, \alpha_1, \alpha_2, \ldots, \alpha_n, \alpha,$	$n+1$ » [6] et [7],
$n+2$	ordonnées.................	$y_0, y_1, y_2, \ldots, y_n, y,$	$n+1$ » [8] et [9],

$8n+8$ quantités. $\qquad$ $4n+4$ équations.

Ainsi lorsque $4n+4$ de ces quantités seront données, on pourra en général calculer les $4n+4$ autres.

Nous allons indiquer l'application de ces généralités à quelques cas spéciaux.

57. 1er Cas. *Solide assujetti en un point* M_0 *à une inclinaison donnée* α_0, *et sollicité depuis* M_0 *exclusivement jusqu'à l'extrémité L, par des forces données* $P_1, P_2, \ldots, P_{n-1}, F_n, p_1 l_1, p_2 l_2, \ldots, p_n l_n$.

Les données sont ici : $n+1$ longueurs $l_1, l_2, \ldots, l_n, x$; les n quantités $\varepsilon_1, \varepsilon_2, \ldots, \varepsilon_n$; n forces $P_1, P_2, \ldots, P_{n-1}, F_n$; n charges par mètre $p_1, p_2, \ldots, p_n$; une ordonnée y_0 ; une inclinaison α_0 et le moment final $\mu_n = 0$.

Les équations [2] du n° 52 donneront les n efforts tranchants $F_0, F_1, \ldots, F_{n-1}$;

Les équations [4], les n moments fléchissants $\mu_0, \mu_1, \ldots, \mu_{n-1}$;

Les équations [7], les n inclinaisons $\alpha_1, \alpha_2, \ldots, \alpha_n$;

Les équations [9], les n ordonnées $y_1, y_2, \ldots, y_n$.

Enfin les équations [3], [5], [6] et [8] donneront les quantités F, μ, α et y répondant à une abscisse x prise à volonté dans l'un des intervalles.

58. 2ᵉ Cas. *Solide assujetti en un point* M_0 *(fig. 16) à une inclinaison donnée* α_0, *appuyé de là à son extrémité* L *en un certain nombre de points dont les ordonnées sont connues, et les réactions verticales, mais inconnues.* Entre les appuis le solide est sollicité par des forces distinctes données, telles que P_1, P_2, P_4, P_6,..., et dans les intervalles $M_0 M_1$, $M_1 M_2$, $M_2 M_3$,..., des points d'application des forces connues ou des réactions inconnues, agissent les forces réparties $p_1 l_1$, $p_2 l_2$....

Ce cas diffère du précédént en ce qu'il y a un certain nombre des forces P qui sont inconnues, mais remplacées dans les données par les ordonnées de leurs points d'application. On a donc encore pour trouver les $4n+4$ inconnues, $4n+4$ équations du 1ᵉʳ degré. Le reste comme au premier cas.

59. 3ᵉ Cas. Solide assujetti en deux points donnés M_0, M_n, *à des inclinaisons connues* α_0 *et* α_n, *et sollicité d'ailleurs par des forces données* P_1, P_2,...P_{n-1}, $p_1 l_1$, $p_2 l_2$,...$p_n l_n$.

La différence entre ce cas et le premier est que la force F_n et le moment μ_n sont inconnus et remplacés comme quantités données par l'inclinaison α_n et l'ordonnée y_n.

Les équations $[2]$, $[4]$, $[7]$ et $[9]$ suffisent donc pour déterminer ces inconnues. Les équations $[2]$ donneraient les inconnues F_0, F_1,... F_{n-1} en fonction de F_n. Par suite les équations $[4]$ donneraient les moments inconnus μ_0, μ_1,... μ_{n-1} en fonctions de F_n et de μ_n. Les équations $[7]$ procureraient donc en d'autres fonctions de ces inconnues les inclinaisons α_1, α_2,... α_{n-1} et une équation du 1ᵉʳ degré entre α_n connue et les inconnues F_n et μ_n. Enfin la substitution des expressions obtenues dans les équations $[9]$ et l'élimination, par addition, des ordonnées inconnues y_1, y_2,...y_{n-1} produiraient une seconde équation du 1ᵉʳ degré entre les mêmes inconnues. Celles-ci étant calculées, on se retrouverait dans le 1er cas, avec cette seule différence que μ_n ne serait pas nul, mais connu.

60. **4ᵉ Cas. Solide simplement posé sur un nombre quelconque d'appuis** *sollicité entre ces points par des forces distinctes $P_1, P_2, P_4, \ldots$ et dans les intervalles soit entre ces forces, soit entre elles et les appuis, par les forces $p_1 l_1$, $p_2 l_2 \ldots$ uniformément réparties.*

Ce cas ne diffère du second qu'en ce que le moment μ_0 est nul et par conséquent donné, tandis que l'inclinaison σ_0 est inconnue. Le nombre des inconnues reste donc le même et les questions qu'on peut se proposer sont encore des problèmes déterminés du 1er degré.

61. **Cas particulier du problème précédent.** *Solide exactement prismatique posé en un nombre $n+1$ de points de niveau $M_0, M_1, \ldots M_n$, sur des appuis qui n'exercent que des réactions verticales inconnues $Q_0, Q_1, \ldots Q_n$, et chargé dans les intervalles $l_1, l_2, \ldots l_n$, de forces uniformément réparties $p_1 l_1, p_2 l_2, \ldots p_n l_n$.*

Les généralités établies précédemment aux n°s 52 à 56 sont ici applicables, et nous en conservons les notations, avec cette seule différence que les forces $P_1, P_2, \ldots P_{n-1}$ qui toutes sont les réactions inconnues des appuis intermédiaires, sont remplacées avec changement de signe par Q_1, $Q_2, \ldots Q_{n-1}$. Les données de ce cas, en y comprenant l'abscisse x d'un point M dans une travée quelconque, sont $n+1$ longueurs $l_1, l_2, \ldots l_n, x$; les n valeurs égales de ε; les n valeurs des charges par mètre $p_1, p_2, \ldots p_n$; les $n+1$ ordonnées $y_0, y_1, \ldots y_n$ qui sont nulles; enfin les deux moments extrêmes μ_0, μ_n qui sont aussi nuls; en tout $4n+4$ données, nombre nécessaire comme on l'a vu (56). Nous allons indiquer la marche convenable pour la détermination des inconnues.

62. Recherche des moments fléchissants $\mu_1, \mu_2, \ldots \mu_{n-1}$. Cette recherche sera nécessairement fondée sur ce que les points d'appui sont de niveau et qu'en ces points les courbes consécutives sont tangentes. Sans supposer d'abord que μ_0 soit nul, posons l'équation [5] du n° 53,

$$\mu - \mu_0 + F_0 x - \frac{1}{2} p_1 x^2 = 0 \qquad\qquad [1]$$

qui devient par $x = l_1$ et $\mu = \mu_1$ la 1re équation du même numéro

$$\mu_1 - \mu_0 + F_0 l_1 - \frac{1}{2} p_1 l_1^2 = 0.$$

De là, en éliminant F_0 et en remplaçant μ par $\varepsilon\, f''(x)$, on conclut

$$\mu = \varepsilon\, f''(x) = \frac{1}{2} p_1 x^2 - \left(\frac{1}{2} p_1 l_1^2 + \mu_0 - \mu_1\right)\frac{x}{l_1} + \mu_0 ; \quad [2]$$

et par deux intégrations successives

$$\begin{cases} \varepsilon\left[f'(x) - \alpha_0\right] = \dfrac{1}{6} p_1 x^3 - \left(\dfrac{1}{2} p_1 l_1^2 + \mu_0 - \mu_1\right)\dfrac{x^2}{2\, l_1} + \mu_0 x, \\[2ex] \varepsilon\,(y - \alpha_0 x) = \dfrac{1}{24} p_1 x^4 - \left(\dfrac{1}{2} p_1 l_1^2 + \mu_0 - \mu_1\right)\dfrac{x^3}{6\, l_1} + \dfrac{1}{2} \mu_0 x^2. \end{cases}$$

En faisant dans ces deux dernières équations $x = l_1$, et d'après l'énoncé $y = 0$, on a

$$\begin{cases} 24\,\varepsilon\,(\alpha_1 - \alpha_0) = -2 p_1 l_1^3 + 12\, l_1 \mu_0 + 12\, l_1 \mu_1, \\[1ex] \qquad 24\,\varepsilon\,\alpha_0 = \quad p_1 l_1^3 - 8\, l_1 \mu_0 - 4\, l_1 \mu_1. \end{cases}$$

On en déduit

$$24\,\varepsilon\,\alpha_1 = -p_1 l_1^3 + 4\, l_1 \mu_0 + 8\, l_1 \mu_1.$$

Pour l'intervalle suivant $M_1 M_2$ on aura des équations toutes pareilles, qui s'obtiendront en augmentant tous les indices d'une unité. L'avant-dernière équation sera donc remplacée

4.

par celle-ci :

$$24\,\varepsilon\,\alpha_1 = p_2\,l_2^2 - 8\,l_2\,\mu_1 - 4\,l_2\,\mu_2.$$

Éliminons α_1 en égalant les deux expressions de $24\,\varepsilon\,\alpha_1$; il viendra

$$4\,l_1\mu_0 + 8\,(l_1+l_2)\,\mu_1 + 4\,l_2\mu_2 = p_1\,l_1^3 + p_2\,l_2^3, \quad [3]$$

relation très-simple (que M. Clapeyron a remarquée le premier) entre les moments μ_0, μ_1, μ_3 sur trois appuis consécutifs.

Quel que soit le nombre n des intervalles ou travées, en augmentant successivement les indices d'une unité, on aura en tout $n-1$ équations semblables à l'équation [3] comprise dans ce nombre. Il suffira donc en général que deux des $n+1$ moments μ_0, μ_1,.., μ_n soient donnés (par exemple qu'on ait suivant l'énoncé $\mu_0 = 0$ et $\mu_n = 0$), pour qu'on puisse calculer les moments inconnus.

On peut en faisant diverses hypothèses sur le nombre n résoudre algébriquement les équations [3] et obtenir des formules qui donnent immédiatement les moments μ_1, μ_2,... en fonctions des ouvertures l_1, l_2,... et des charges p_1, p_2,.... Mais il est plus simple et plus sûr dans chaque cas d'application de transformer l'équation [3] et ses analogues en équations numériques et d'en conclure les valeurs des rapports des moments au produit pl^2 relatif à une travée.

Les moments sur les appuis étant calculés, la formule [2] qu'on appliquera à une travée quelconque en augmentant les indices d'un même nombre entier, donnera les valeurs des moments correspondants à divers points déterminés par leur abscisse x, c'est-à-dire par leur distance à l'origine de la travée. μ étant une fonction du second degré en x aura ses différences secondes égales si on prend les points équidistants.

63. Calcul des efforts tranchants. Connaissant les moments μ_0, μ_1, μ_2,..., on calculera les efforts tranchants F_0, F_1, F_2,..., F_{n-1} par les formules [4] du n° 53, puis l'effort tranchant F répondant à une distance x par la formule [3] du n° 52. On trouvera F positif, c'est-à-dire descendant lorsque la partie de gauche de la poutre se terminant au point M, tendra à soulever ou empêchera de descendre la partie de droite; F deviendra négatif dans le cas contraire; par exemple tout près du second appui M_1 où $x = l_1$ donnera $F = F_0 - p_1 l_1$, c'est précisément F'_1, suivant la signification de cette notation (52).

64. Calcul des réactions des appuis. Ces forces ascendantes étant désignées par Q_0, Q_1, Q_2,..., Q_{n-1} et Q_n, la première est évidemment égale à F_0, et les autres seront données par les formules [2] du n° 52 devenues

$$F_0 - F_1 - p_1 l_1 = Q_1,$$
$$F_1 - F_2 - p_2 l_2 = Q_2,$$
$$\cdots\cdots\cdots\cdots\cdots\cdots\cdots$$
$$F_{n-2} - F_{n-1} - p_{n-1} l_{n-1} = Q_{n-1},$$
$$F_{n-1} - p_n l_n = Q_n.$$

65. Autre cas particulier de l'énoncé du n° 60; solide composé de deux parties prismatiques B'A, AB (*fig.* 17) posé sur trois appuis de niveau B', A, B, soumis à deux charges uniformément réparties sur AB et sur AB' et à deux forces distinctes P', P, aux points intermédiaires C', C. La détermination des réactions Q et Q' des appuis B et B' pourrait se faire par la méthode générale indiquée au n° 60, mais elle se ramène à la question du n° 35. En appelant α_0 l'inclinaison de la courbe moyenne en A au-dessous de l'horizontale AB, on a l'équation [7] du n° 39 qui se simplifie

(54)

d'après l'énoncé par $y_2 = 0$, et devient

$$\varepsilon \alpha_0 + \frac{1}{8} p a_3 + \frac{1}{2} P l^2 \left(1 - \frac{l}{3a} \right) - \frac{1}{3} Q a^2 = 0.$$

Ensuite remarquons que la partie $AC'B'$ du solide donne une équation toute pareille, si ce n'est que α_0 y est remplacé par $-\alpha_0$, et ε, a, l, p, Q par $\varepsilon', a', l', p', Q'$. Ainsi

$$- \varepsilon' \alpha_0 + \frac{1}{8} p' a_1^3 + \frac{1}{2} P' l'^2 \left(1 - \frac{l'}{3a'} \right) - \frac{1}{3} Q' a'^3 = 0.$$

On obtient d'ailleurs une autre relation entre Q et Q', en posant d'après la statique l'équation des moments des forces extérieures autour de A, où agit une troisième réaction inconnue,

$$Q a - Q' a' - \frac{1}{2} p a^2 + \frac{1}{2} p' a'^2 - P l + P' l' = 0.$$

Les inconnues Q, Q', α_0 sont ainsi déterminées par trois équations du 1er degré, et les autres questions à résoudre ne présentent plus aucune difficulté.

66. **Cas plus particulier.** $P = P' = 0$, $p' = p$, $\varepsilon' = \varepsilon$. Les équations précédentes deviennent

$$Q a^2 + Q' a'^2 = \frac{3}{8} p \left(a^3 + a'^3 \right),$$

et

$$Q a - Q' a' = \frac{1}{2} p \left(a^2 - a'^2 \right);$$

d'où en multipliant la deuxième par a', ajoutant et divisant par $a (a + a')$,

$$Q = \frac{1}{8} p \left(3a + a' - \frac{a'^2}{a} \right),$$

et en changeant les accents

$$Q' = \frac{1}{8} p \left(3a' + a - \frac{a^2}{a'} \right).$$

L'une de ces forces peut devenir négative ; la pièce tendrait à soulever l'un des appuis.

Soit S la réaction de l'appui A ; on a, d'après la statique,

$$S + Q + Q' - p\,(a + a') = 0,$$

et, par suite,

$$S = \frac{1}{2}\,p\,(a + a')\left[\frac{5}{4} + \frac{(a' - a)^2}{4\,a a'}\right];$$

d'où il résulte que si la pièce est effectivement assujettie à trois points en ligne droite, 1° l'appui intermédiaire porte toujours au moins les $\frac{5}{8}$ de la charge totale $p\,(a + a')$, 2° que la réaction S croît sans limite à mesure que la plus grande des distances a' et a augmente, leur somme restant constante.

67. Cas encore plus particulier. $a' = a$. On en conclut

$$Q = Q' = \frac{3}{8}\,pa \quad \text{et} \quad S = \frac{10}{8}\,pa.$$

68. Aiguilles d'un barrage soutenant une charge d'eau. Ce cas se distingue des précédents en ce que la charge répartie sur le solide fléchi n'est plus simplement proportionnelle à la longueur.

Soient (*fig.* 18) b la largeur d'une aiguille perpendiculairement au plan de la figure, et c son épaisseur parallèlement à la poussée de l'eau ; $AB = a$, $AC = h$, $AC' = h'$, $CM = z$, $C'M' = z'$.

La pression en amont sur un élément superficiel dont la hauteur est MM_1 ou dz et la largeur est b, s'exprime par $\Pi z b\,dz$, le poids d'un mètre cube d'eau étant Π. La somme des pressions en amont est donc $\frac{1}{2}\Pi b h^2$. De même la somme des pressions en aval est $\frac{1}{2}\Pi b h'^2$. Ces pressions sont en équilibre avec les réactions Q et Q' des appuis B et A. On aura Q en prenant les moments autour de A, savoir :

$$Qa = \int_0^h \Pi\, bz\,dz\,(h-z) - \int^{h'} \Pi\, bz'\,dz'\,(h'-z'),$$

$$Q = \frac{1}{6}\Pi\frac{b}{a}\,(h^3 - h'^3);$$

donc

$$Q' = \frac{1}{2}\Pi b\,(h^2 - h'^2) - \frac{1}{6}\Pi\frac{b}{a}\,(h^3 - h'^3).$$

Le moment fléchissant μ au point quelconque M s'obtient en considérant les forces qui agissent au-dessus de ce point. Soit x la distance au point C d'un point variable entre C et M ; on a

$$\left.\begin{aligned}\mu &= Q\,(a-h+z) - \int_{x=0}^{x=z} \Pi\, xb\,dx\,(z-x)\\ &= Q\,(a-h+z) - \frac{1}{6}\Pi bz^3.\end{aligned}\right\}\ [1]$$

Le maximum de μ entre C et C' s'obtient en égalant à zéro la dérivée du second nombre :

$$0 = Q - \frac{1}{2}\Pi bz^2, \quad \text{ou} \quad 0 = \frac{1}{6}\Pi\frac{b}{a}\,(h^3 - h'^3) - \frac{1}{2}\Pi bz^2,$$

d'où

$$z = \sqrt{\frac{h^3 - h'^3}{3a}},$$

valeur qui n'est applicable à la question qu'autant qu'elle est plus petite que CC' ou $h-h'$.

Cette condition étant vérifiée, on aura l'expression du plus grand moment fléchissant en substituant la dernière valeur de z dans la formule [1] ci-dessus.

Dans le cas contraire, il faut chercher le point de plus

grande flexion entre A et C'. Soit y la distance AM' d'un point quelconque de la courbe AC' au point A. L'équilibre de la partie AM' sous l'action de la force Q' et des pressions d'amont et d'aval, donne

$$\mu = Q'y - \Pi(h - h')\, by \cdot \frac{y}{2},$$

dont le maximum répond à

$$Q' - \Pi(h - h')\, by = 0\,;$$

d'où

$$y = \frac{h + h'}{2} - \frac{h^3 - h'^3}{6a(h - h')}, \quad \text{et} \quad \mu = \frac{1}{2}\Pi b(h - h')\, y^2,$$

formules applicables si y se trouve $< h'$.

§ VII. Détermination des dimensions du profil en travers d'une pièce chargée transversalement.

69. Condition déduite de la pression longitudinale. Lorsqu'on connaît le moment fléchissant μ qui répond à un point donné de la courbe moyenne, et la valeur R' de la plus grande pression qui doit avoir lieu dans le plan normal correspondant, on a pour l'une des conditions auxquelles doit satisfaire le profil transversal l'équation (27)

$$\frac{R' I}{v'} = \mu,$$

et pour compléter la détermination, il faut adopter des données desquelles il résulte que le profil cherché ne dépende que d'une inconnue.

Par exemple, si la section transversale du solide doit être un rectangle dont les côtés soient dans un rapport donné, en désignant ces côtés par c parallèle aux forces et $b = nc$

perpendiculaire au plan de flexion, on a

$$I = \frac{1}{12} bc^3, \quad v' = \frac{1}{2} c, \quad \frac{I}{v'} = \frac{1}{6} bc^2 = \frac{1}{6} nc^3,$$

$$\frac{R'I}{v'} = \frac{1}{6} nc^3 R' = \mu,$$

d'où l'on conclura c.

Si l'on se donnait le côté b du rectangle, on trouverait le côté c par l'équation $\frac{1}{6} bc^2 R' = \mu$.

Si l'on suppose connu le côté c, on obtient l'aire Ω ou bc du rectangle par l'équation $\frac{1}{6} \Omega c R' = \mu$, ce qui montre l'avantage économique d'augmenter la dimension c parallèle aux forces transversales, puisque la section Ω varie en raison inverse.

Cependant dans la pratique, s'il s'agit de poutres ou solives en bois, on fait rarement $b < \frac{1}{2} c$ et souvent $b = \frac{5}{7} c$.

On peut aisément se rendre compte, à un certain point de vue, de la nécessité de ne pas faire descendre le rapport n au-dessous d'une certaine limite, car il faut au moins que la pièce puisse supporter l'effort tranchant F qui a lieu dans la section dont il s'agit, et par conséquent en appelant T' la résistance par unité de surface au glissement transversal, qu'on ne doit ou ne veut pas dépasser, il faut satisfaire à la condition

$$\frac{F}{\Omega} < T'.$$

Mais une autre considération peut conduire à une limite plus petite, comme nous allons le voir.

70. Résistance au glissement longitudinal des fibres. Profil rectangulaire. Considérons la pièce comme formée à droite de la section A′ A″ (*fig.* 19) de couches infiniment petites A″ A$_1$ B$_1$ B″, A$_1$ A$_2$ B$_2$ B$_1$,..., dont les distances à la couche neutre MN sont désignées par ν'', ν_1, ν_2,..., couches ayant l'épaisseur dν, et la largeur b perpendiculaire au plan de la figure.

La portion de couche qui dans l'état primitif avait la longueur Ab et a actuellement la longueur AB est sollicitée à son extrémité A par une force $R b$ dν dirigée à droite et égale à $\frac{\mu \nu}{I} \cdot b$ dν, le moment fléchissant μ étant égal à la somme des moments autour de M des forces extérieures P qui s'exercent depuis M jusqu'au bout de la pièce. A l'extrémité B de la portion de couche AB la force que celle-ci exerce sur le reste de la pièce à droite, et, par conséquent, la réaction qu'elle en reçoit en sens contraire, est exprimée par la même formule, si ce n'est que μ devient $\mu + d\mu$ somme des moments autour de N des forces P qui agissent depuis N jusqu'à l'extrémité de la pièce. Donc la résultante des forces longitudinales que la couche AB subit sur ses deux bases est $-$d$\mu \cdot \frac{b}{I} \nu$d$\nu$.

D'ailleurs si l'on appelle a la distance d'une quelconque des forces P à l'origine O, et x la distance MO, on a

$$\mathfrak{M} \, P = P \, (a - x),$$

par conséquent,

$$\mu = \Sigma P a - x \Sigma P,$$

d'où

$$\text{d}\mu = - \text{d}x \Sigma P = - F \text{d}x,$$

en appelant comme précédemment F l'effort tranchant correspondant au point M ou à l'abscisse x dont la différentielle dx est la longueur MN.

Donc la résultante longitudinale ci-dessus mentionnée

est exprimée par

$$F\,\mathrm{d}x\,\frac{b}{I}\,\nu\,\mathrm{d}\nu.$$

La couche AB ne peut donc être maintenue en équilibre que parce qu'elle reçoit, des couches voisines, des forces qui s'opposent à son glissement et dont la résultante a la même valeur en sens contraire.

Ainsi la couche $A'' A_1 B_1 B''$ est tirée à gauche par une force $F\,\mathrm{d}x\,\frac{b}{I}\,\nu''\,\mathrm{d}\nu$ qu'exerce la couche $A_1 A_2 B_2 B_1$; celle-ci est tirée du même côté par des forces dont la résultante est $F\,\mathrm{d}x\,\frac{b}{I}\,\nu_1\,\mathrm{d}\nu$ et dont l'une est la réaction égale et opposée à la précédente ; par conséquent, la force dirigée à gauche et exercée sur la couche $A_1 A_2 B_2 B_1$ par la suivante $A_2 A_3 B_3 B_2$ est égale à $F\,\mathrm{d}x\,\frac{b}{I}\,(\nu''\,\mathrm{d}\nu + \nu_1\,\mathrm{d}\nu)$. En raisonnant de même pour les couches successives, on voit que la force opposée à leur glissement mutuel va en augmentant depuis $A''B''$ jusqu'à MN où cette force acquiert la valeur

$$F\,\mathrm{d}x\,\frac{b}{I}\int_0^{\nu''} \nu\,\mathrm{d}\nu \quad (*).$$

C'est ce qu'on trouve également en considérant l'ensemble des couches comprises entre $A''B''$ et MN. La résultante des forces exercées sur les bases $A''M$ et $B''N$ est la somme des forces analogues à la force $F\,\mathrm{d}x\,\frac{b}{I}\,\nu\,\mathrm{d}\nu$ relative à la couche AB. Cette résultante est donc $F\,\mathrm{d}x\,\frac{b}{I}\int_0^{\nu''} \nu\,\mathrm{d}\nu$; sa

---

(*) Cette formule a été démontrée d'une autre manière à l'École des Ponts et Chaussées par M. Bresse, qui a emprunté, comme il le dit, à un Mémoire de M. le colonel russe Jourawski l'idée d'avoir égard au glissement longitudinal des fibres. Ce Mémoire est inséré dans les *Annales des Ponts et Chaussées*, 1856, 2ᵉ semestre.

(61)

direction positive est à droite, par conséquent la résistance longitudinale que reçoit le solide $A''MNB''$ de droite à gauche, de la part du solide $A'MNB'$, a cette même valeur.

ν'' étant remplacé par $\frac{1}{2}c$ et I par $\frac{1}{12}bc^3$, on a

$$\int_0^{\nu''} \nu \, d\nu = \frac{1}{8}c^2,$$ et la force opposée au glissement sur la surface $b\,dx$ projetée en MN se trouve égale à $F\,dx \frac{12}{c^3} \cdot \frac{c^2}{8}$

ou $\frac{3}{2}\frac{F\,dx}{c}$; par conséquent, en désignant par S cette résistance au glissement longitudinal rapportée à l'unité de surface, tandis que T est la résistance par unité au glissement transversal, et en divisant la dernière expression par la surface $b\,dx$, on a

$$S = \frac{3}{2}\frac{F}{bc} = \frac{3}{2}\frac{F}{\Omega}, \quad \text{ou} \quad S = \frac{3}{2}T.$$

Ainsi la force S est d'une moitié en sus plus grande que l'effort tranchant rapporté à l'unité de section transversale.

Si l'on désigne par S' la limite que la force S ne doit pas dépasser, on a

$$\frac{3}{2}\frac{F}{\Omega} < S', \quad \text{d'où} \quad \Omega > \frac{3}{2}\frac{F}{S'}. \qquad [1]$$

En comparant cette inégalité à celle qui se déduit de la considération du glissement transversal, savoir :

$$\Omega > \frac{F}{T'}, \qquad [2]$$

on voit que si S' est égale à T', ce qui doit avoir lieu pour les corps à texture grenue, l'inégalité $[1]$ est celle à laquelle il faut avoir égard. Il en est à plus forte raison de même si la limite T' de résistance au glissement transversal est plus grande que la limite S', comme dans le bois dont les fibres sont parallèles à la ligne moyenne du solide, car si l'on a $\Omega > \frac{3}{2}\frac{F}{S'}$ et $1 > \frac{S'}{T'}$, on en conclut $\Omega > \frac{3}{2}\frac{F}{T'}$, et l'inégalité [2] est à plus forte raison réalisée.

Dans le cas contraire, si T' était $< \frac{2}{3}S'$, il faudrait faire

$$\Omega > \frac{F}{T'}.$$

71. **Profil en forme de double T.** Les mêmes considérations s'appliquent aux pièces dont le profil transversal a la forme d'un double T ($fig.$ 20). On peut, pour simplifier, supposer que toutes les parties de ce profil ont de faibles épaisseurs en comparaison de la hauteur. Soient h cette hauteur, ω l'aire de chacune des deux plates-bandes, b l'épaisseur du corps intermédiaire de la poutre.

En A'' la pression par mètre quarré est $R'' = \frac{1}{2}h\frac{\mu}{I}$, et sur l'aire ω, elle est $\frac{h\omega\mu}{2I}$; en B'' sur ω, elle est $\frac{h\omega(\mu+d\mu)}{2I}$; la résultante des forces exercées sur les deux bases de l'élément $A''B''$ est donc

$$-\frac{h\omega\,d\mu}{2I} \quad \text{ou} \quad \frac{F\,dx}{2I}\cdot h\omega,$$

puisqu'on a toujours $d\mu = -F\,dx$. La résultante des forces subies par les deux bases $A''M$, $B''N$ du corps intermédiaire est comme au numéro précédent

$$F\,dx\frac{b}{I}\int_{0}^{v''} v\,dv = F\,dx\frac{b}{I}\cdot\frac{h^2}{8}.$$

Donc la résistance au glissement, suivant MN, est égale à la somme de ces deux forces, et l'on a

$$Sb\,\mathrm{d}x = \frac{F\,\mathrm{d}x}{I}\left(\frac{h\omega}{2} + \frac{bh^2}{8}\right).$$

D'ailleurs on a approximativement $I = 2\omega\frac{h^2}{4} + \frac{1}{12}bh^3$.

Donc

$$S = \frac{F}{bh}\,\frac{\omega + \frac{1}{4}bh}{\omega + \frac{1}{6}bh} = \frac{F}{bh}\left(1 + \frac{bh}{12\omega + 2bh}\right).$$

Cette quantité diffère ordinairement peu de $\dfrac{F}{bh}$, tandis que

l'effort tranchant par mètre quarré T est $\dfrac{F}{bh + 2\omega}$, et, par

conséquent, notablement plus petit.

§ VIII. Solides d'égale résistance à fibre moyenne sensiblement rectiligne.

72. Profil transversal variable. Lorsqu'un solide offre une
longueur assez grande relativement à ses dimensions transversales, mais que celles-ci varient au lieu d'être constantes,
comme nous l'avons supposé au paragraphe précédent, si
cette variation se fait par degrés peu sensibles, on peut
concevoir la longueur divisée en plusieurs parties pour chacune desquelles la pièce diffère peu d'un prisme. Supposons
que dans son état naturel elle ait une fibre moyenne rectiligne ou très-peu courbée dans un plan, que ses sections
transversales soient symétriques par rapport à ce plan et
qu'il en soit de même des forces extérieures. La fibre
moyenne après la déformation produite par ces forces reste
dans le même plan appelé plan de flexion, et pour une section quelconque prise en un point M les relations [4] du
n° 19 subsistent et prennent les formes [8] du n° 27, si les

forces extérieures entre ce point et une extrémité ont une résultante parallèle à la section normale ou se réduisent à un couple.

73. Cas d'une force transversale unique. Largeur du profil constante. Considérons le *cas particulier* où la pièce de section variable et de faible courbure est à peu près horizontale, maintenue dans cette situation en A (*fig.* 21) vers un de ses bouts par des appuis, et sollicitée à l'autre bout L par une force verticale unique P, de sorte qu'on néglige ici le poids propre de la pièce. Si l'on fait $LM = x$, on a pour la tension longitudinale R' au point A' dont v' est la distance verticale au-dessus de l'axe projeté en M,

$$\frac{R' I}{v'} = P x,$$

équation dans laquelle I varie avec x. Supposons, par exemple, que les sections transversales sont toutes rectangulaires, de sorte que la largeur perpendiculaire au plan de la figure soit b constante, tandis que la hauteur A' A'' est variable et représentée par z. On a alors $I = \frac{b z^3}{12}$ et $v' = \frac{z}{2}$,

d'où $\frac{I}{v'} = \frac{b z^2}{6}$ et

$$\frac{R' b z^2}{6} = P x.$$

On peut faire varier z de manière que R' la plus grande tension correspondante à l'abscisse x soit constante dans toute l'étendue AL. La pièce est alors dite *solide d'égale résistance* relativement à toute force agissant comme P à l'extrémité L. Cela signifie seulement que la plus grande tension longitudinale par unité de surface est la même dans toutes les sections. Quant aux efforts tranchants leur intensité totale reste la même P dans une section quelconque ;

mais leur intensité rapportée à l'unité de surface augmente à mesure que l'aire de la section diminue et en raison inverse.

Pour que R' soit une constante, il faut que z^2 soit proportionnel à x, et si la ligne moyenne AML est droite dans l'état naturel, la courbe A′LA″ dont l'ordonnée variable est $\frac{1}{2} z$ est une parabole du second degré dont le sommet est L.

74. Hauteur constante. Si l'on voulait que dans la section transversale rectangulaire la hauteur z fût constante, pour conserver au solide la propriété d'égale tension longitudinale, il faudrait faire b proportionnel à x. La projection horizontale du corps serait triangulaire.

75. Sections semblables. Si la section transversale était circulaire d'un rayon variable z, on aurait $I = \frac{1}{4} \pi z^4$ et $v' = z$, d'où

$$\frac{1}{4} \pi R' z^3 = P x,$$

équation de la courbe méridienne du solide de révolution si R' était constante.

En général si les sections transversales étaient des figures semblables, le quotient $\frac{I}{v'}$ serait proportionnel à v'^3 qui devrait être proportionnel à x pour que la tension R' restât constante.

76. Remarque. L'expression de *solide d'égale résistance*, appliquée à ceux dont nous venons de parler, n'est pas bien exacte, puisque la théorie précédente néglige les efforts tranchants qui rapportés à l'unité de surface prendraient une valeur très-considérable si l'aire de la section transversale devenait très-petite , près du point d'application de la force P, comme le supposent les formules précédentes.

On arriverait à des résultats moins simples quant au calcul , mais bien plus applicables à la pratique si l'on s'imposait la condition de faire qu'aux points A' et A'' les plus éloignés de la ligne moyenne la résultante de la tension R' ou de la pression R'' et de l'effort tranchant par unité de surface $\dfrac{P}{\Omega}$ restât toujours de même valeur. Ainsi dans le cas considéré au n° 70 il faudrait à l'équation $R'\,b\,z^2 = 6\,P.x$, joindre

$$R'^2 + \frac{P^2}{b^2\,z^2} = C^2,$$

C étant une constante tandis que R' deviendrait variable. En éliminant R' et en posant pour abréger $\dfrac{P}{Cb} = k$ qui serait une longueur, on aurait l'équation

$$z^4 - k^2\,z^2 = 36\,k^2\,x^2,$$

qui pour $x = o$ donne $z = k$, et lorsque x est assez grand pour que z^2 puisse être négligé auprès de $36\,x^2$, revient à $z^2 = 6\,kx$, équation d'une parabole.

77. **Problème général.** Les considérations qui précèdent peuvent être étendues à tout solide long et étroit soumis à des forces quelconques : on peut se proposer de déterminer les dimensions transversales par la condition que la plus grande résultante des forces élastiques par unité de surface dans une section perpendiculaire à la fibre moyenne ait partout une même valeur donnée. On comprend que si les forces extérieures sont aussi données, le problème peut toujours se résoudre numériquement et par approximation.

§ IX. Prisme chargé parallèlement à sa ligne moyenne.

78. **Prisme chargé suivant sa ligne moyenne.** On suppose que la force N (*fig.* 22) agisse au centre de gravité B de la base supérieure du prisme, que sa direction passe au centre de gravité A de la base inférieure où se trouve un point d'appui fixe. Une force momentanée a fait subir au prisme une légère flexion et l'on demande sous quelle condition la force N pourra le maintenir fléchi et en équilibre.

Soit AB l'axe des x auquel Ay est perpendiculaire. Pour un point M quelconque de la courbe moyenne le moment p est $-Ny$. On a donc

$$\varepsilon\, f''(x) = -Ny.$$

Pour en conclure l'inclinaison de la courbe, posons

$$f'(x) = z = \frac{dy}{dx},$$

et par conséquent

$$f''(x) = \frac{dz}{dx} = \frac{z\,dz}{dy} :$$

l'équation des moments devient

$$\varepsilon\, z\,dz = -Ny\,dy.$$

En intégrant et ajoutant une constante arbitraire nécessairement positive on a $\varepsilon z^2 = N(a^2 - y^2)$, d'où en remettant pour z son égale $\frac{dy}{dx}$, on tire

$$\sqrt{\frac{N}{\varepsilon}}\,dx = \frac{dy}{\sqrt{a^2 - y^2}},$$

ce qui s'intègre et donne

$$x\sqrt{\frac{N}{\varepsilon}} = \text{arc}\left(\sin = \frac{y}{a}\right) \quad \text{ou} \quad y = a\sin x\sqrt{\frac{N}{\varepsilon}},$$

sans nouvelle constante parce que x et y sont nuls simultanément. Il faut encore que y devienne nul quand on
fait $x = AB = l$ longueur du prisme. Ainsi

$$\sin\left(l\sqrt{\frac{N}{\varepsilon}}\right) = 0, \quad \text{d'où} \quad l\sqrt{\frac{N}{\varepsilon}} = n\pi,$$

c'est-à-dire un nombre entier de demi-circonférences de
rayon 1. Donc

$$N = n^2\pi^2\frac{\varepsilon}{l^2},$$

c'est-à-dire que, pour que la pièce se maintienne fléchie, il
faut que N soit au moins $\pi\frac{\varepsilon}{l^2}$.

Si dans la dernière expression de y on met pour $\sqrt{\frac{N}{\varepsilon}}$
sa valeur $\frac{n\pi}{l}$, l'équation de la courbe devient

$$y = a\sin\left(\frac{n\pi x}{l}\right),$$

de sorte que, suivant que n a les valeurs 1, 2, 3, etc., y
devient nul 1 fois, 2 fois, 3 fois,..., pour des valeurs de x
qui ne dépassent pas l; d'où l'on conclut que si le milieu de
la pièce ne peut s'écarter de la direction AB, il faudra pour
la maintenir fléchie moitié à droite et moitié à gauche, une
force N quadruple de celle qui eût suffi pour la conserver
fléchie au milieu si ce point eût été libre, car alors $n = 2$.

L'équation $y = a\sin\left(x\sqrt{\frac{N}{\varepsilon}}\right)$ dans laquelle a est le
maximum de y, fait voir que ce maximum n'est pas déter-
miné par l'analyse approximative précédente, et que lorsque
la flexion se maintient, quoique faible, la pièce est en danger de rupture.

Exemples. Si la section droite du prisme est un quarré dont le côté est c, on a $I = \frac{1}{12} c^4$, et par conséquent $N = \frac{1}{12} n^2 \pi^2 E \frac{c^4}{l^2}$, proportionnelle à la 4e puissance du côté c et en raison inverse du quarré de la longueur l.

Si la section droite est un cercle dont le rayon est r, on a $I = \frac{1}{4} \pi r^4$ et $N = \frac{1}{4} n^2 \pi^3 E \frac{r^4}{l^2}$.

79. Règles pratiques. La théorie précédente n'est pas propre à déterminer la charge que peut supporter un poteau ou une colonne, parce qu'un tel support n'est jamais posé sur un simple point d'appui sans résistance à la rotation, et que la base supérieure n'a pas non plus la liberté de tourner que suppose cette théorie. D'ailleurs, supposé que la valeur de N qu'elle donne soit la limite que la charge ne doit pas dépasser pour que la pièce pressée debout ne fléchisse pas, cette condition peut être insuffisante, parce qu'il faut encore que le support ne s'écrase pas, condition qui n'entre pas dans l'analyse qui précède. Aussi la formule obtenue est-elle évidemment impropre à faire connaître la limite de la charge des supports de petite hauteur, puisqu'elle donne N aussi grand qu'on veut en faisant l assez petit.

De nombreuses expériences ont conduit à des règles pratiques pour déterminer les charges que peuvent supporter les poteaux ou colonnes en bois ou en fonte, selon leurs dimensions.

80. Supports en bois, chêne ou sapin. Rondelet, célèbre architecte, a cherché à déterminer par expérience la charge par unité de surface de la section qui produit la rupture d'un support à base rectangulaire. Les résultats qu'il a obtenus sont consignés dans le tableau suivant:

Rapport de la hauteur l à la plus petite dimension transversale c.	12	24	36	48	60	72
Nombres proportionnels aux charges produisant la rupture....	20	12	8	4	2	1
Les mêmes charges exprimées en kg par cm.q................	350	210	140	70	35	17,5

Si l'on essaye de représenter par une courbe la loi qui lie les hauteurs aux charges en prenant les unes pour abscisses et les autres pour ordonnées, on reconnaît dans ces nombres une anomalie en ce que le 2e point, le 3e et le 4e sont en ligne droite, tandis que les cinq points autres que le 3e sont sur une courbe ayant une grande analogie avec un arc d'hyperbole; et l'on trouve, en effet, que la charge par centimètre q. qui produit la rupture peut être exprimée en fonction de rapport $\frac{l}{c}$ par la formule empirique suivante :

$$\frac{24\,200 - 506\,\frac{l}{c} + 2,74\left(\frac{l}{c}\right)^2}{\frac{l}{c} + 40,9},$$

Qui, si l'on y fait......... $\frac{l}{c} =$	12	24	36	48	60	72
donne la charge en kg par cm.q. $=$	350	210	106,2	70	36,6	17,5

D'après Rondelet, il est prudent de ne charger d'une manière permanente les supports en bois que du septième du poids qui produirait la rupture.

M. le général Morin cite des piliers en bois dans lesquels le rapport $\frac{l}{c}$ de la hauteur à l'équarrissage est 9,1 et qui ont supporté sans altération une charge de 72^{kg}, par cm.q. En faisant dans la formule précédente $\frac{l}{c} = 9,1$, on trouve 496, dont le septième n'est que de bien peu inférieur à cette charge.

Le même auteur mentionne des expériences desquelles M. Hodgkinson a cru pouvoir conclure une formule qui, transformée en mesures françaises, revient à celle-ci :

$$\frac{P}{c^2} = 2562 \left(\frac{c}{l} \right)^2,$$

l étant la hauteur en décimètres d'un poteau à bois de chêne à base quarrée dont le côté serait c en centimètres, et P la charge en kilog. produisant la rupture. Or les trois seules expériences citées par M. Morin justifient peu cette loi, comme on peut le voir dans le tableau suivant :

HAUTEUR l.	COTÉ c.	CHARGE de rupture P.	$\frac{P}{c^2}$.	$\left(\frac{c}{l} \right)^2$.	RAPPORT du 4ᵉ nombre au 3ᵉ.
dm. 15,37	cm. 4,45	kg 4360	kg par cm.q. 220	0,0838	2625
11,70	3,81	3560	245	0,1060	2311
11,70	2,59	793	118	0,0490	2408

Ainsi le quotient de la division de $\frac{P}{c^2}$ par $\left(\frac{c}{l} \right)^2$ qui devrait être constant, a varié dans le rapport de 26 à 23. Il pourrait donc être dangereux d'appliquer la formule de M. Hodgkinson hors des limites de ses expériences.

81. Colonnes en fonte. On doit encore à ce savant anglais des expériences sur les supports en fonte. La formule qu'il a proposée pour les colonnes cylindriques en fonte, pleines et à bases plates, revient en mesures françaises à celle-ci :

$$P = 10400 \, \frac{d^{3,6}}{l^{1,7}},$$

P étant la charge en kg. qui produirait la rupture, d le diamètre en centimètres, l la hauteur en décimètres. Il en résulte que la charge par centimètre q. serait proportionnelle à $\dfrac{d^{1,6}}{l^{1,7}}$.

La vérification de cette loi, et en même temps la détermination des exposants de d et de l sont faciles. Soit en général

$$P = A\frac{d^{m}}{l^{n}},\qquad [1]$$

P, d et l étant variables, et A, m, n étant des constantes qu'il faut trouver.

En considérant une série d'expériences dans lesquelles le diamètre d est constant, on peut remplacer $A\,d^{m}$ par une constante *inconnue* B et poser

$$P = \frac{B}{l^{n}},$$

relation dont l'expression se simplifie à l'aide des logarithmes. On doit avoir

$$\log P = \log B - n\,\log l.$$

Cela étant, si l'on prend deux axes coordonnés dans un plan, qu'on porte en abscisses les diverses valeurs de $\log l$ pour la série d'expériences dont il s'agit, et en ordonnées les valeurs correspondantes de $\log P$, on reconnaîtra que la loi supposée est admissible, au moins pour le diamètre de la série, à ce que les points obtenus par cette construction seront approximativement sur une ligne droite. On tracera cette droite dont le coefficient angulaire et l'ordonnée à l'origine feront connaître n et $\log B$.

En opérant de même pour les diverses séries d'expériences, chaque série relative à un même diamètre, on vérifiera la loi en constatant que l'exposant n doit toujours avoir la même valeur.

Dès lors il ne reste plus que deux constantes A et m à déterminer dans la formule [1]. On la mettra sous la forme

$$\log P + n \log l = \log B = \log A + m \log d.$$

On prendra encore deux axes coordonnés, on portera en abscisses les valeurs de $\log d$ des diverses séries d'expériences, et en ordonnées les valeurs de $\log B$ correspondantes. Les points obtenus par cette construction devront être sur une ligne droite dont le coefficient angulaire et l'ordonnée à l'origine détermineront m et $\log A$.

Suivant l'opinion de M. le général Morin, la prudence exige dans la pratique que les supports ne soient pas soumis à une pression qui dépasse le sixième de la charge de rupture. La formule de Hodgkinson donnerait ainsi en kg. pour cette limite

$$P' = 1730 \, \frac{d^{3,6}}{l^{1,7}}.$$

D'après le même expérimentateur anglais, les colonnes creuses en fonte, dont les diamètres, l'un extérieur, l'autre intérieur, sont d et d', se rompent sous une charge P donnée par une formule qui est en mesures françaises,

$$P = 10200 \, \frac{d^{3,6} - d'^{3,6}}{l^{1,7}},$$

ce qui conduit à la limite pratique

$$P' = 1700 \, \frac{d^{3,6} - d'^{3,6}}{l^{1,7}}.$$

Il doit être entendu que ces formules ne sont applicables qu'à des piliers dont la hauteur est comprise entre 25 et 120 fois leur diamètre.

Le diamètre intérieur des supports creux est à peu près les quatre cinquièmes du diamètre extérieur.

82. Influence de l'assujettissement des bases et du renflement des colonnes. Nous extrayons des *Leçons* de M. Morin les conclusions suivantes, que M. Hodgkinson a tirées de ses expériences :

« 1°. Dans les piliers longs, à dimensions égales, la résistance à la rupture est à peu près trois fois plus grande quand les extrémités sont plates et perpendiculaires à la longueur ainsi qu'à la direction de l'effort, que lorsqu'elles sont arrondies.

» 2°. Un pilier long de dimension uniforme dont les extrémités sont solidement fixées par des disques, des bases ou de toute autre manière, présente la même résistance à la rupture par compression qu'un pilier de même section, mais de longueur moitié moindre dont les extrémités seraient arrondies, même si l'effort était dirigé suivant l'axe.

» 3°. Le renflement ou l'accroissement de diamètre des colonnes vers le milieu de leur longueur augmente seulement leur résistance de un septième à un huitième. »

83. Prisme vertical assujetti dans cette direction à son extrémité inférieure A (*fig.* 23) *et chargé d'un poids N à une distance donnée* LB *de l'extrémité* L *de la fibre moyenne.* Soit $AL = l$, $LB = b$, $CL = f$ écartement inconnu produit par la force N. En négligeant le poids propre de la pièce dans la détermination de f, la formule [8] du n° **27** donne pour un point quelconque M de la courbe moyenne AL,

$$\varepsilon f''(x) = N(b+f-y).$$

Pour en déduire $f'(x)$, posons $f'(x) = z = \dfrac{dy}{dx}$, et, par conséquent, $f''(x) = \dfrac{dz}{dx} = \dfrac{z\,dz}{dy}$; l'équation devient

$$\varepsilon z\,dz = N(b+f-y)\,dy,$$

d'où en intégrant

$$\varepsilon z^2 = N\left[\, 2\,(b+f)y - y^2\,\right],$$

sans constante, attendu que y et z sont nuls ensemble. En mettant dans cette équation $\dfrac{dy}{dx}$ pour z, on a

$$\sqrt{\frac{N}{\varepsilon}}\,dx = \frac{dy}{\sqrt{2\,(b+f)y - y^2}},$$

d'où en intégrant

$$\sqrt{\frac{N}{\varepsilon}}\,x = \mathrm{arc}\left(\cos = 1 - \frac{y}{b+f}\right),$$

ou

$$1 - \frac{y}{b+f} = \cos\left(x\sqrt{\frac{N}{\varepsilon}}\right),$$

sans autre constante, parce que x et y sont nuls simultanément, et quant à la constante d'abord inconnue f, elle est déterminée parce qu'elle est la valeur de y qui correspond à $x = l$. Ainsi

$$\frac{b}{b+f} = \cos\left(l\sqrt{\frac{N}{\varepsilon}}\right), \quad \text{d'où} \quad f = b\left[\frac{1}{\cos\left(l\sqrt{\frac{N}{\varepsilon}}\right)} - 1\right].$$

Connaissant f, on appliquera les formules du n° 20 en réunissant à la force N le poids P de la pièce et posant pour la section transversale en A

$$R' = \frac{N+P}{\Omega} + \frac{v'}{I}\left[N\,(b+f) + \frac{1}{2}Pf\right],$$

ce qui suppose que f étant très-petit la courbe AML diffère peu d'une ligne droite, et que, par conséquent, l'ordonnée parallèle à A y de son centre de gravité est à peu près $\frac{1}{2}f$, quoique inférieure à cette quantité.

84. Solution approximative. On peut obtenir plus simplement une solution suffisamment approchée de la question, lorsque la distance b est jugée à priori beaucoup plus grande que l'écartement f. Dans ce cas, en négligeant la différence $f - y$ dans la première équation, on pose

$$\varepsilon f''(x) = Nb,$$

d'où

$$\varepsilon f'(x) = Nbx, \quad \text{puis} \quad \varepsilon y = \frac{1}{2} Nbx^2,$$

par conséquent,

$$f = \frac{1}{2} \frac{N}{\varepsilon} b l^2$$

et enfin

$$R' = \frac{N + P}{\Omega} + \frac{v'}{I} b N \left(1 + \frac{N l^2}{2\varepsilon} \right).$$

§ X. Flexion plane d'une pièce courbe.

85. Ligne moyenne. La figure du solide dont il s'agit est telle, qu'on peut y concevoir une ligne plane continue qui contient les centres de gravité des sections normales faites dans le corps. Cette ligne moyenne a son rayon de courbure constant ou variable toujours très-grand relativement aux dimensions transversales. Suivant les conditions ordinaires dans la pratique, nous supposerons dans tout ce qui suit que le corps est symétrique relativement au plan qui contient la ligne moyenne ; et qu'il en est de même des forces extérieures qui le sollicitent. Il en résulte que dans la déformation produite par ces forces, la ligne moyenne reste dans ce même plan appelé *plan de flexion*. Enfin les sections transversales qui restent perpendiculaires à ce plan sont ou toutes égales, ou ne variant que de quantités peu sensibles comparativement à la longueur de la fibre moyenne comme on l'a vu au n° **72**.

86. **Efforts tranchants et tensions longitudinales.** Il suit de ces hypothèses que les généralités établies aux n°s 18 et 19 s'appliquent à une section transversale quelconque, de sorte que si l'on désigne par

G le point de la ligne moyenne qui est le centre de gravité de cette section,

P l'une quelconque des forces extérieures qui agissent depuis la section passant par G jusqu'à l'une des extrémités L du solide,

F la somme des projections des forces P sur la normale à la fibre moyenne dans le plan de flexion,

N la somme des projections rectangulaires des mêmes forces sur la tangente à la fibre moyenne en son point G,

$\Sigma \mathfrak{M}_G P$ ou μ la somme des moments des forces P autour de l'axe mené par G perpendiculairement au plan de flexion,

F égale et opposée à la somme des forces élastiques subies parallèlement à la section par la partie de solide GL de la part de l'autre partie, s'appelle l'effort tranchant des forces ; N s'appelle la tension totale du solide perpendiculairement à la section ; le moment résultant μ s'appelle le moment fléchissant des mêmes forces P autour de l'axe projeté en G sur le plan de flexion, et il est égal et opposé à la somme des moments autour du même axe des forces élastiques longitudinales reçues par la première partie de la part de la seconde ; et en appelant

i l'allongement rapporté à l'unité de longueur de la fibre moyenne près du point G,

V la distance de la couche des fibres neutres à ce même point,

Ω l'aire de la section,

I son moment d'inertie autour de l'axe des moments projeté en G,

E le coefficient d'élasticité du solide,

ν la distance au même axe d'une fibre quelconque traversant la section,

R la tension de cette même fibre, on a comme au n° 19

$$i = \frac{N}{E\Omega}, \quad V = \frac{IN}{\Omega\mu}, \quad \text{et} \quad R = \frac{\nu\mu}{I} - \frac{N}{\Omega}.$$

87. **Application à un arc à fibre moyenne circulaire et à section constante** (*fig.* 87). (Nous empruntons cet exemple au Cours de M. Bresse à l'École des Ponts et Chaussées.) La tangente Ox est horizontale; la charge verticale est composée de deux parties, l'une de O en H, l'autre de H en L, chacune répartie proportionnellement aux projections horizontales des éléments de l'arc auquel elle s'applique.

Considérons une section normale passant au point G pris d'abord entre O et H. Appelons

ρ le rayon CO ou CG de l'arc,

p le poids par mètre de projection appliqué à OH,

p' le poids analogue pour la partie HL.

Posons

$$a = OJ, \quad b = OK, \quad f = LJ;$$

nommons S et Q les composantes, l'une verticale et ascendante, l'autre horizontale (comme l'indique la figure) d'une force exercée à l'extrémité L.

Soient x et y les coordonnées du point variable G relativement aux axes Ox, Oy,

α l'angle variable OCG.

Enfin conservons la signification précédente de N et de F; ainsi N est la somme des projections sur la tangente en G des forces qui agissent au delà de G jusqu'en L inclusivement, projections positives quand leur sens est de G vers L; et F est la somme des projections des mêmes forces sur le rayon GC, prises positivement dans le sens de G vers C. Nous avons

$$N = p\,(b-x)\sin\alpha + p'\,(a-b)\sin\alpha - Q\cos\alpha - S\sin\alpha,$$

$$F = p\,(b-x)\cos\alpha + p'\,(a-b)\cos\alpha + Q\sin\alpha - S\cos\alpha,$$

$$\Sigma\mathfrak{M}_{c}\,P = \mu = \frac{1}{2}p\,(b-x)^2 + p'\,(a-b)\left[\frac{1}{2}(a+b)-x\right]$$
$$+ Q\,(f-y) - S\,(a-x);$$

ou bien en mettant en évidence l'excès de p sur p'

$$N = (p-p')\,(b-x)\sin\alpha + p'\,(a-x)\sin\alpha$$
$$- Q\cos\alpha - S\sin\alpha,$$

$$F = (p-p')\,(b-x)\cos\alpha + p'\,(a-x)\cos\alpha$$
$$+ Q\sin\alpha - S\cos\alpha,$$

$$\mu = \frac{1}{2}(p-p')\,(b-x)^2 + \frac{1}{2}p'\,(a-x)^2$$
$$+ Q\,(f-y) - S\,(a-x).$$

Pour une section faite entre H et L ces expressions se simplifient parce que la charge par mètre de projection est réduite à p'. Il suffit donc de faire alors $p-p'=0$, ce qui donne pour tout point entre H et L

$$N = p'\,(a-x)\sin\alpha - Q\cos\alpha - S\sin\alpha,$$

$$P = p'\,(a-x)\cos\alpha + Q\sin\alpha - S\cos\alpha,$$

$$\mu = \frac{1}{2}p'\,(a-x)^2 + Q\,(f-y) - S\,(a-x).$$

En joignant à ces relations les expressions des variables x et y en fonctions de α, savoir :

$$x = \rho\sin\alpha \quad \text{et} \quad y = \rho\,(1-\cos\alpha),$$

on obtiendra en fonctions de α les quantités variables N, F et μ, et l'on sera en état de calculer pour toute valeur assignée de α les valeurs de i et de V correspondantes à une

(80)

section, les valeurs positives ou négatives de R répondant aux valeurs extrêmes et de signes contraires de ν, et enfin l'effort tranchant par unité de surface $\dfrac{F}{\Omega}$.

88. Déplacement angulaire des sections normales de la pièce courbe. Soit dans l'état naturel de la pièce ab (*fig.* 25) une section transversale; soit ec une autre section infiniment voisine; soit ds la distance Gg de leurs centres de gravité.

Supposons que dans l'état de flexion les molécules qui étaient primitivement en ab se trouvent en a'b', et que celles de ec soient en e'c'. Transportons la figure a'b'c'e' en abc₁e₁. Nous voyons que la fibre moyenne élémentaire Gg a subi la variation gg₁ qu'on peut supposer dans le prolongement de Gg en négligeant le glissement transversal.

De plus le plan e₁c₁ fait avec ec un angle infiniment petit que nous désignons par $d\psi$. C'est le déplacement angulaire relatif de deux sections infiniment voisines ab, ec.

Nous savons déjà que l'allongement proportionnel $\dfrac{gg_1}{Gg}$ de la fibre moyenne produit par les forces P est donné par la formule $i = \dfrac{N}{E\,\Omega}$, d'où il suit que l'élément ds s'allonge de

$$\frac{N\,ds}{E\,\Omega}.$$

Quant à l'angle $d\psi$, il est égal à $\dfrac{gg_1}{GO}$ ou $\dfrac{i\,ds}{V}$ ce qui, d'après les formules qui viennent d'être rappelées, ou mieux d'après l'équation [3] du n° 19, donne

$$d\psi = \frac{\mu\,ds}{El} = \frac{\mu\,ds}{\varepsilon}$$

Considérons maintenant une portion de pièce courbe

comprise entre la section faite en G_0 et l'extrémité L. Supposons que cette section en G_0 ait subi un déplacement angulaire ψ_0, et désignons par ψ_1 l'angle dont a tourné sous l'action des forces la section transversale prise en un point G_1 compris entre G_0 et L. Le déplacement angulaire relatif de la seconde section comparativement à la première, c'est-à-dire la quantité dont a varié l'angle de ces deux plans, est égal à la somme des déplacements élémentaires $d\psi$ relatifs correspondants aux éléments ds dont se compose la longueur GG_1. On a donc

$$\psi_1 - \psi_0 = \int_{G_0}^{G_1} \frac{\mu\, ds}{\varepsilon},$$

étant bien entendu que pour chaque élément ds ayant son origine au point variable G de la ligne moyenne, ε a la valeur EI qui correspond à ce point G, et μ est la somme des moments autour de l'axe projeté en G de toutes les forces extérieures qui agissent depuis ce point jusqu'à l'extrémité L.

89. **Variation des coordonnées des points de la ligne moyenne.** Soient x_1 et y_1 les coordonnées du point G_1 dont nous venons de parler, telles qu'elles seraient sans l'existence des forces P. Soient, dans cette même hypothèse, x_0 et y_0 les coordonnées du point G_0. Dans l'état de flexion les coordonnées x_1 et y_1 ont varié par plusieurs causes :

1°. Parce que l'origine G_0 de la partie G_0L a été très-peu déplacée;

2°. Parce que la section normale passant par G_0 a tourné d'un très-petit angle ψ_0;

3°. Parce que chacune des tranches infiniment petites dont la pièce est composée entre G_0 et G_1 a subi une double et très-petite altération d'allongement, et de déformation angulaire.

6

4°. Parce que le solide a pu subir une variation de température.

Pour nous rendre compte de l'effet qui résulte de ces circonstances distinctes sur les coordonnées x_1 et y_1, supposons d'abord que la pièce dans l'intervalle de G_0 à G_1 soit restée d'une figure complétement invariable. Dans ce cas son déplacement total pourrait se décomposer en deux, savoir :

1°. Une translation qui ferait que les coordonnées des différents points du solide prendraient toutes des accroissements égaux à ceux des coordonnées du point G_0, lesquels accroissements nous désignons par Δx_0 et Δy_0 ;

2°. Une rotation par laquelle la droite $G_0\,G_1$ (*fig.* 26) décrirait autour de G_0 un angle ψ_0 ; par conséquent le point G_1 décrirait l'arc $G_1\,G_1' = G_0\,G_1 \cdot \psi_0$, d'où l'on peut conclure les variations des coordonnées de G_1 dues à cette rotation : pour x_1 une diminution $G_1\,Q$ qu'on détermine par la proportion $\dfrac{G_1\,Q}{G_1\,G_1'} = \dfrac{G_1\,P_1}{G_0\,G_1}$, d'où

$$G_1\,Q = \frac{G_0\,G_1 \cdot \psi_0 \cdot G_1\,P_1}{G_0\,G_1} = \psi_0\,(y_1 - y_0),$$

et pour y_1 un accroissement

$$G_1'\,Q = G_1\,G_1' \cdot \frac{G_0\,P_1}{G_0\,G_1} = \psi_0\,(x_1 - x_0).$$

Ainsi la translation et la rotation simultanées de la section faite en G_0 entraîne, dans les coordonnées de G_1, la réunion des très-petites variations que nous venons d'indiquer, savoir : pour l'abscisse x_1 l'accroissement positif ou négatif

$$\Delta x_0 - \psi_0\,(y_1 - y_0),$$

et pour l'ordonnée y_1 l'accroissement positif ou négatif

$$\Delta y_0 + \psi_0\,(x_1 - x_0).$$

Maintenant si , de toutes les tranches infiniment petites comprises entre G_0 et G_1 , une seule passant par G dont les coordonnées sont x et y s'était déformée en vertu des forces qui agissent entre G et L , voyons quelles seraient les altérations infiniment petites des coordonnées x_1 et y_1 qui en résulteraient. La longueur ds de cette tranche serait augmentée de $ids = \dfrac{N\,ds}{E\,\Omega}$ et par conséquent les projections dx et dy de ds sur les axes Ox, Oy seraient respectivement augmentées de $\dfrac{N\,dx}{E\,\Omega}$ et de $\dfrac{N\,dy}{E\,\Omega}$, augmentations qui en produiraient deux égales pour les coordonnées x_1 et y_1. De plus, à cause de la rotation ou du déplacement angulaire relatif $d\psi$, ces mêmes coordonnées subiraient, comme on vient de le voir pour ψ_0, les variations $-d\psi(y_1-y)$ et $d\psi(x_1-x)$ qui d'après la valeur trouvée (88) pour $d\psi$ sont égales respectivement à

$$-(y_1-y)\,\frac{\mu\,ds}{\varepsilon} \quad \text{et} \quad (x_1-x)\,\frac{\mu\,ds}{\varepsilon}.$$

Ainsi l'allongement de la fibre élémentaire ds et l'altération de l'angle des deux sections normales successives produiraient pour l'abscisse x_1 l'accroissement

$$\frac{N\,dx}{E\,\Omega} - (y_1-y)\,\frac{\mu\,ds}{\varepsilon},$$

et pour l'ordonnée y_1 l'accroissement

$$\frac{N\,dy}{E\,\Omega} + (x_1-x)\,\frac{\mu\,ds}{\varepsilon},$$

quantités qu'il faut intégrer depuis G_0 jusqu'à G_1 pour avoir les variations totales de x_1 et de y_1 dues aux déformations produites dans cet intervalle par les forces P.

Enfin une autre altération des coordonnées x_1 et y_1 peut provenir de la variation de la température, tandis que les

(84)

forces extérieures P sont supposées rester les mêmes. En désignant par τ un coefficient de dilatation linéaire, proportionnel à la variation de température, et en remarquant que le corps ne subit dans son ensemble qu'un faible déplacement, on voit qu'il suffit pour tenir compte des effets de la chaleur, d'écrire que les projections $x_1 - x_0$ et $y_1 - y_0$ sont augmentées de $\tau (x_1 - x_0)$ et de $\tau (y_1 - y_0)$.

En réunissant aux effets des déplacements de la section normale en G_0 ceux du changement de température et ceux que produisent les déformations de toutes les tranches depuis le point (x_0, y_0) jusqu'au point (x_1, y_1), on obtient les deux formules suivantes (*) :

$$\Delta x_1 = \Delta x_0 - \psi_0 (y_1 - y_0) + \tau (x_1 - x_0) \atop + \int_{G_0}^{G_1} \left[\frac{N\,dx}{E\,\Omega} - (y_1 - y) \frac{\mu\,ds}{\varepsilon} \right] \qquad [1]$$

$$\Delta y_1 = \Delta y_0 + \psi_0 (x_1 - x_0) + \tau (y_1 - y_0) \atop + \int_{G_0}^{G_1} \left[\frac{N\,dy}{E\,\Omega} + (x_1 - x) \frac{\mu\,ds}{\varepsilon} \right] \qquad [2]$$

A la rigueur, pour calculer N et μ variables avec x et y, il faudrait avoir égard à la figure du solide *après* sa déformation ; mais attendu que celle-ci est toujours très-faible, on peut, sans erreur notable, supposer aux points d'application des forces les positions qu'ils auraient si le corps

---

(*) Ces formules ont été données pour la première fois par M. Bresse, professeur à l'École des Ponts et Chaussées, qui y a introduit les effets de la chaleur et de l'allongement de la fibre moyenne, que j'avais négligés dans les équations analogues de mes Leçons faites dès 1842 sur le même sujet à la même École. Mon savant successeur a obtenu les formules [1] et [2] comme des conséquences d'une théorie qui, s'appliquant aux déformations quelconques et comprenant comme cas particulier celui de la flexion sans torsion, est nécessairement beaucoup moins simple que celle qui précède.

Sauf la rédaction, j'emprunte à M. Bresse les exemples traités dans les quatre articles suivants.

conservait sa figure primitive pourvu qu'on attribue aux forces les valeurs données ou inconnues qu'elles ont après la déformation. C'est ce qu'on va comprendre par les exemples qui suivent.

90. Recherche des réactions des appuis et des inclinaisons initiales. 1er Cas. *Pièce non symétrique reposant simplement sur deux appuis* G_0 *et* L *(fig. 27).* Prenons l'axe des x parallèle à G_0 L. Désignons par Q et S et par Q' et S' les composantes rectangulaires des réactions des appuis auxquelles nous supposons les directions qu'indique la figure. Soit G_0 L $= a$, soit α l'angle que fait la ligne moyenne au point (x, y) avec l'axe Ox, et appelons P l'une quelconque des forces extérieures indépendantes des appuis.

La statique donne les trois équations

$$Q' - Q + \Sigma P_x = 0, \quad S' + S - \Sigma P_y = 0, \quad \Sigma \mathfrak{M}_{G_0} P - Sa = 0.$$

Lorsque les forces P sont toutes verticales et la droite G_0 L horizontale, les forces Q et Q' sont égales et opposées ; lorsque les sommes des moments des forces P autour de G_0 et autour de L sont égales, les forces S et S' sont égales, chacune, à $\frac{1}{2} \Sigma P_y$. Dans tous les cas il reste au moins une inconnue. Pour avoir une quatrième équation, il faut écrire que G_0 L est invariable, et qu'ainsi le point L étant pris pour celui dont les coordonnées ont été précédemment désignées par x_1 et y_1, les forces doivent être telles, qu'on ait $\Delta x_1 = 0$, comme on a $\Delta x_0 = 0$ et $\Delta y_0 = 0$. L'équation [1] du n° 89, où l'on fait de plus $y_1 - y_0 = 0$ et $x_1 - x_0 = a$, se réduit à

$$\tau a + \int_{G_0}^{L} \left[\frac{N \, dx}{E \Omega} - (y_0 - y) \frac{\mu \, ds}{\varepsilon} \right] = 0,$$

équation qui ne renferme en réalité d'autre inconnue que Q. Pour mettre celle-ci en évidence, réservons à N et μ leur signification pour les forces P et S, c'est-à-dire pour toutes les forces extérieures autres que Q; il suffira d'ajouter à N le terme $-Q \cos \alpha$ et à μ le terme $Q(y_0 - y)$, de sorte que l'équation devient

$$\tau a + \int_{G_0}^{L} \left[\frac{N \, dx}{E \Omega} - (y_0 - y) \frac{\mu \, ds}{\varepsilon} \right]$$
$$- Q \int_{G_0}^{L} \left[\frac{\cos \alpha \, dx}{E \Omega} + \frac{(y_0 - y)^2 \, ds}{\varepsilon} \right] = 0,$$

d'où l'on tirera la valeur de Q.

Connaissant ainsi toutes les forces extérieures, on peut appliquer pour une section quelconque les formules du n° 86 dont le n° 87 a indiqué l'emploi, et se servir de la formule finale du n° 88 pour calculer la variation de l'angle des deux sections extrêmes.

Mais si l'on veut connaître la déformation de la ligne moyenne $G_0 GL$ ou le déplacement d'un quelconque G_1 de ses points, il faut d'abord obtenir le déplacement angulaire ψ_0 que les forces ont produit à l'origine G_0, en supposant que la pièce soit simplement posée en ce point, ce qui est l'hypothèse du cas actuel. A cet effet il suffit d'écrire que pour le point L la variation Δy est nulle; ainsi en faisant dans l'équation [2] du n° 89, $\Delta y_1 = 0$ et $y_1 = y_0$, et en prenant pour plus de simplicité l'origine O de manière que l'on ait $x_0 = 0$, et par suite $x_1 = a$, on a pour déterminer ψ_0 l'équation

$$\psi_0 a + \int_{G_0}^{L} \left[\frac{N \, dy}{E \Omega} + (a - x) \frac{\mu \, ds}{\varepsilon} \right] = 0,$$

dans laquelle N et μ variables comprennent toutes les forces extérieures et par conséquent les termes dus aux forces Q et S tant comme projections que comme moments; c'est ce qu'on peut indiquer ainsi :

$$N = \Sigma P \cos (P, ds) - \sin \alpha - Q \cos \alpha$$

et

$$\mu = \Sigma \mathfrak{M}_G P - S (a - x) + Q (y_0 - y).$$

ψ_0 étant connu, toutes les quantités des seconds membres des équations [1] et [2] du n° 89 (dans lesquelles N et μ sont les mêmes fonctions qui viennent d'être formulées) sont calculables au moins par approximation, et l'on peut trouver les changements des coordonnées d'un point quelconque de la ligne moyenne.

91. 2ᵉ **Cas**. *Pièce symétrique et symétriquement chargée reposant simplement sur deux appuis.* Ce cas est compris dans le précédent, mais les calculs se simplifient. Prenons l'origine au sommet G_0 (*fig.* 28). On a d'abord $S = \Sigma P_y$, cette somme ne s'étendant qu'au demi-arc $G_0 L$. Pour trouver Q on fait dans l'équation [1] du n° 89, $x_1 = AL = a$, $y_1 = AG_0 = f$, $x_0 = 0$, $\Delta x_0 = 0$, $\Delta x_1 = 0$, ce qui donne en mettant en évidence les termes où entre Q et conservant à N et μ leur signification pour les autres forces P et S,

$$0 = \tau a + \int_{G_0}^{L} \left[\frac{N \, dx}{E \, \Omega} - (f - y) \frac{\mu \, ds}{\varepsilon} \right]$$

$$- Q \int_{G}^{L} \left[\frac{\cos \alpha \, dx}{E \, \Omega} + \frac{(f - y)^2 \, ds}{\varepsilon} \right],$$

d'où l'on tirera Q.

S et Q étant connues et ψ_0 étant nul à cause de la symétrie, la détermination des diverses valeurs de μ, des tensions et des changements subis par les coordonnées des divers points de la courbe moyenne (y compris le point L dont l'ordonnée f relative à l'axe $G_0 x$ change par l'effet des forces), s'achève comme précédemment au moyen des équations $[1]$ et $[2]$ du n° 89.

92. 3e Cas. *Pièce reposant simplement sur deux appuis de niveau G_0 et L, dont le second L ne peut exercer qu'une réaction verticale.* En d'autres termes, l'arc repose en L sur un plan horizontal sans frottement. La figure et les notations étant les mêmes qu'au 1er cas, la force Q est nulle et les réactions des appuis sont déterminées par les équations d'équilibre

$$Q' + \Sigma P_x = 0, \quad S + S' - \Sigma P_y = 0 \quad \text{et} \quad \Sigma \mathfrak{M}_{G_0} P - Sa = 0.$$

Les deux équations $[1]$ et $[2]$ du n° 89 s'appliquent d'abord à la courbe entière en y faisant $\Delta x_0 = 0$, $\Delta y_0 = 0$, et $\Delta y_1 = 0$; il n'y reste plus que deux inconnues ψ_0 et Δx_1. Les calculs s'achèvent comme dans le premier cas.

93. 4e Cas. *Pièce encastrée à ses deux extrémités.* Si cette pièce n'est pas symétrique, il faut considérer les réactions des deux appuis. Les forces extérieures provenant de l'appui L peuvent toujours se réduire à deux forces S et Q rectangulaires (*fig.* 27), et à un couple dont le moment est également inconnu. Désignons-le par μ_1 et prenons-le positif s'il tend à produire une rotation dans le sens qui va de Ox vers Oy. Les forces extérieures qui proviennent de l'appui G_0 se réduisent de même à deux forces S' et Q', et à un couple μ_0 que nous supposerons de sens contraire à celui du premier. Entre ces six inconnues la statique nous fournit trois équations

$$S' + S - \Sigma P_y = 0, \quad Q' - Q + \Sigma P_x = 0,$$
$$\Sigma \mathfrak{M}_{G_0} P - Sa + \mu_1 - \mu_0 = 0.$$

Pour en obtenir trois autres, nous écrirons : 1° que le déplacement angulaire relatif des deux normales extrêmes est nul, et que par conséquent l'équation du n° 88 donne, en mettant en évidence les inconnues,

$$\int_{G_0}^{L} \mu\,ds - S\int_{G_0}^{L}(a-x)ds\,Q\int_{G_0}^{L}(y_0-y)ds + \mu_1\int_{G_0}^{L}ds = 0;$$

2° que la variation Δx_1 supposée celle du point L est nulle aussi bien que Δx_0 et ψ_0; qu'ainsi l'équation [1] du n° 89 donne

$$\left.\begin{aligned}\tau a + \int_{G_0}^{L}&\left[\frac{N\,dx}{E\Omega} - (y_0-y)\frac{\mu\,ds}{\varepsilon}\right]\\ -Q\int_{G_0}^{L}&\left[\frac{\cos\alpha\,dx}{E\Omega} + \frac{(y-y_0)^2\,ds}{\varepsilon}\right]\\ -S\int_{G_0}^{L}&\left[\frac{\sin\alpha\,dx}{E\Omega} - \frac{(y_0-y)(a-x)\,ds}{\varepsilon}\right]\\ -\mu_1\int_{G_0}^{L}&\frac{(y_0-y)\,ds}{\varepsilon}\end{aligned}\right\} = 0;$$

3° que la variation Δy_1 appliquée au même point est aussi nulle, et qu'ainsi l'équation [2] du n° 89 donne

$$\left.\begin{aligned}\int_{G_0}^{L}&\left[\frac{N\,dy}{E\Omega} + (a-x)\frac{\mu\,ds}{\varepsilon}\right]\\ -Q\int_{G_0}^{L}&\left[\frac{\cos\alpha\,dy}{E\Omega} - \frac{(a-x)(y_0-y)\,ds}{\varepsilon}\right]\\ -S\int_{G_0}^{L}&\left[\frac{\sin\alpha\,dy}{E\Omega} + \frac{(a-x)^2\,ds}{\varepsilon}\right]\\ -\mu_1\int_{G_0}^{L}&\frac{(a-x)\,ds}{\varepsilon}\end{aligned}\right\} = 0.$$

Ainsi la détermination des inconnues S, Q et μ_1 s'obtient par le calcul d'un certain nombre d'intégrales définies dépendantes des données, et par la résolution de trois équations du 1er degré. Cette détermination faite, les questions s'achèvent comme au 1er cas.

Si la pièce était symétrique et symétriquement chargée, les calculs se simplifieraient comme au 2e cas.

§ XI. Résistance des vases cylindriques pressés uniformément.

94. Profil exactement circulaire. Tension suivant ce profil.
Soient ρ et ρ' les rayons, l'un intérieur, l'autre extérieur, d'un vase cylindrique d'une longueur supposée très-grande. Soient p et p' les pressions constantes par mètre quarré, l'une intérieure, l'autre extérieure. Ces pressions sont produites par des gaz, et nous négligeons toutes les autres forces, poids propre du vase et du liquide qu'il peut contenir, réactions de ses appuis et de ses fonds circulaires.

Un plan quelconque passant par l'axe des cylindres concentriques coupe le vase suivant deux bandes dans lesquelles la tension ou la pression est uniformément répartie, parce que le vase restant cylindrique à cause de la symétrie des causes déformatrices, toutes les tranches normales dont il est composé ne subissent aucune flexion. De la formule du n° 88, $d\psi = \dfrac{\mu\,ds}{\varepsilon}$, où il faut faire $d\psi = 0$, il résulte $\mu = 0$; et de la formule $R = \dfrac{v\mu}{I} - \dfrac{N}{\Omega}$, où il faut faire $\mu = 0$, résulte $R' = \dfrac{N}{\Omega}$ tension constante indépendante de v. La résistance qu'une des moitiés du vase exerce sur l'autre est exprimée pour un mètre de longueur parallèle à l'axe par $2(\rho' - \rho) R'$, et elle est égale et opposée à la résultante des pressions exercées normalement aux deux surfaces de l'autre demi-vase, résultante qui, d'après une propriété démontrée en hydrostatique, est $2\rho p - 2\rho' p'$.

On a donc

$$(\rho' - \rho)\, R' = \rho\mathrm{p} - \rho'\mathrm{p}',$$

en observant que R' est une tension proprement dite par unité de surface, si le second membre est positif et que par conséquent la pression intérieure p l'emporte sur l'autre. Dans le cas contraire, R' quantité négative exprime une pression.

Si l'on représente par e l'épaisseur $\rho' - \rho$, l'équation devient

$$e\, R' = \rho\, (\mathrm{p} - \mathrm{p}') - e\mathrm{p}'.$$

Ordinairement, et notamment lorsqu'il s'agit de chaudières à vapeur en tôle, la quantité p' est petite comparativement à R', de sorte que l'équation peut se réduire à

$$e\, R' = \rho\, (\mathrm{p} - \mathrm{p}').$$

La formule par laquelle l'ordonnance royale du 22 mai 1843 a fixé la moindre épaisseur des chaudières à vapeur, dans le cas où la plus grande pression est à l'intérieur, est

$$e = 0,0018\, n\, d + 0^{\mathrm{m}},003,$$

n étant la différence des pressions exprimées en atmosphères, et d le diamètre intérieur rapporté au mètre. Le terme $0^{\mathrm{m}},003$ a été ajouté afin de pourvoir à l'usure de la chaudière, et le coefficient $0,0018$ a été déterminé en adoptant pour R' le maximum 2850000, à peu près moitié de celui qu'on aurait pu admettre si la paroi d'une chaudière ne présentait pas une réduction considérable de résistance à l'endroit où les feuilles de tôle qui la composent sont assemblées et si elle n'était pas tendue en tous sens.

Quant aux chaudières ou tuyaux à vapeur pressés du dehors en dedans, l'ordonnance de 1843 porte que l'on emploiera pour leur construction une tôle d'une plus grande épaisseur, et qu'ils seront en outre munis d'armatures. Une instruction ministérielle du 17 décembre 1848 exige que, dans ce cas, l'épaisseur de la tôle soit une fois et demie celle qui résulte de la formule précédente, et elle indique comme le meilleur mode d'armature à essayer, l'emploi d'anneaux en fer forgé concentriques au tuyau à renforcer. Nous verrons tout à l'heure la raison de cette différence de prescription.

95. Tension suivant la longueur du cylindre. Si l'on partage le vase en deux parties par un plan perpendiculaire aux génératrices rectilignes, la tension par unité de surface dans le sens longitudinal étant représentée par R'', et l'épaisseur e étant très-petite comparativement au rayon ρ, on voit que la tension totale entre les deux parties considérées est très-approximativement $2\pi\rho e R''$. D'une autre part, la résultante des pressions qui s'exercent intérieurement et extérieurement sur l'un des fonds du vase, quel que soit son bombement, est $\pi\rho^2(p-p')$. On a donc pour l'équilibre

$$2\pi\rho e R'' = \pi\rho^2(p-p'), \quad \text{d'où} \quad R'' = \frac{\rho(p-p')}{e} = \frac{1}{2}R'.$$

Le danger d'une rupture est donc bien moindre suivant une section droite que suivant une génératrice rectiligne.

96. Cas d'un profil faiblement elliptique. Recherche du moment fléchissant. Considérons une portion du vase cylindrique comprise entre deux sections droites dont la distance perpendiculaire au plan de la figure soit égale à l'unité de longueur. Soit $A_0 B_0 A_1 B_1$ (*fig.* 29) la fibre moyenne elliptique de la pièce courbe ainsi séparée du vase entier. Chacun des plans projetés en $A_0 A_1$ et en $B_0 B_1$ diamètres principaux, partage cette pièce en deux parties symétriques quant à la figure et quant aux forces, d'où il suit que les résultantes des forces que l'une des parties exerce sur l'autre, et qui traversent les sections faites normalement à la fibre moyenne en A_0 et A_1, en B_0 et en B_1 sont, par suite nécessaire de cette symétrie, perpendiculaires à ces sections, puisque les réactions qui leur correspondent doivent à la fois leur être opposées, et symétriques relativement à ces mêmes sections.

Cela posé, considérons la partie du solide en équilibre dont la fibre moyenne est l'arc $B_0 A_1$. Si nous faisons $OA_1 = a$ suivant l'axe des x, et $OB_0 = b$ suivant l'axe des y, et si nous représentons par p la différence constante entre la pression intérieure et la pression extérieure, la résultante des forces élastiques que la partie indiquée reçoit de la partie $A_1 B_1$ est dans le sens des y négatifs et égale à pa. Quel que soit son point de passage dans le plan OA_1 à une distance δ à gauche du point A_1, appelons μ_1 son moment autour de l'axe projeté en A_1 ; ainsi $pa\delta = \mu_1$.

Pour trouver cette quantité inconnue, il nous suffit de faire usage de l'équation $\psi_1 - \psi_0 = \int_{G_0}^{G_1} \dfrac{\mu\, ds}{\varepsilon}$ (n° 88) en remarquant que si les limites de l'intégrale sont les points B_0 et A_1, cette intégrale définie est nulle, puisque l'angle $B_0 O A_1$ est droit aussi bien après qu'avant la déformation de l'ellipse.

Calculons la variable μ pour un point G quelconque dont les coordonnées sont x et y. Elle se compose de la somme des moments des pressions élémentaires qui agissent de G en A_1 et du moment de la réaction pa dont nous venons de parler. La première somme est égale à celle des moments des pressions qui s'exerceraient à raison de p par mètre sur les deux plans GH et HA ; cette première somme est donc $p y \cdot \dfrac{y}{2} + p (a - x) \dfrac{a - x}{2}$, le sens positif des moments étant comme à l'ordinaire celui de la rotation de l'axe Ox vers l'axe Oy. Le moment de la réaction pa est $-pa(a-x-\delta)$ ou $-pa(a-x)+\mu_1$.

En ajoutant et réduisant, nous trouvons

$$\mu=\frac{1}{2}p\left(y^2+x^2-a^2\right)+\mu_1.$$

D'ailleurs l'équation de l'ellipse est

$$a^2y^2+b^2x^2=a^2b^2;$$

on en conclut

$$\mu=\frac{p\left(a^2-b^2\right)}{2a^2}\left(x^2-a^2\right)+\mu_1.$$

Substituons dans l'équation $\int\mu\,ds=0$: nous obtenons, en appelant L la longueur B_0A_1,

$$\frac{p\left(a^2-b^2\right)}{2a^2}\left[\int_{B_0}^{A_1}x^2\,ds-a^2L\right]+\mu_1L=0.$$

$\int x^2\,ds$, moment d'inertie de l'arc B_0A_1 autour de l'axe OB, diffère très-peu de ce qu'il serait si B_0A_1 était un quart de circonférence ayant a pour rayon. Dans ce cas, on a

$$\int x^2\,ds=\frac{1}{2}\left(\int x^2\,ds+\int y^2\,ds\right)=\frac{1}{2}\int a^2\,ds=\frac{1}{2}a^2L.$$

Il en résulte

$$\mu_1=\frac{1}{4}p\left(a^2-b^2\right).$$

Par suite, on a pour le moment fléchissant μ autour du point quelconque G,

$$\mu=\frac{1}{4}p\,\frac{a^2-b^2}{a^2}\left(2x^2-a^2\right). \qquad [1]$$

Cette quantité croît algébriquement avec x depuis le

point B_0 où elle est négative et égale à $-\frac{1}{4}\,\mathfrak{p}\,(a^2 - b^2)$, jusqu'au point A_1 où elle est positive et de même valeur absolue, en passant par zéro au point où $x = \frac{a}{\sqrt{2}}$, tout près du milieu de l'arc $B_0\,A_1$.

97. Tensions parallèlement à la fibre moyenne. Cherchons en général la pression R en un point situé dans la section normale au point quelconque G par la formule [4] du n° 19, savoir :

$$R = \frac{v\mu}{I} - \frac{N}{\Omega}.$$

Il faut y faire : $\Omega = e$ l'épaisseur, attendu que l'autre dimension de la section normale est 1; $I = \frac{1}{12}\,e^3$; N une quantité très-peu variable, entre $\mathfrak{p}\,a$ au point A_1 et $\mathfrak{p}\,b$ au point B_0, v la distance, à la fibre moyenne, du point où l'on considère la pression R dans la section normale de la pièce courbe. Par conséquent, pour avoir la plus grande valeur R' de la tension, nous faisons $v = -\frac{1}{2}\,e$, en remplaçant R par $-R'$. Nous avons ainsi, pour la tension par unité de surface près de A_1,

$$R' = \frac{\mathfrak{p}\,a}{e} + \frac{3}{2}\,\frac{\mathfrak{p}\,(a^2 - b^2)}{e^2} = \frac{\mathfrak{p}\,a}{e}\left(1 + \frac{3}{2}\,\frac{a^2 - b^2}{ae}\right). \qquad [2]$$

Cette formule, qui coïncide avec celle du n° **94** dans le cas où la section droite du vase est exactement circulaire, a été donnée par M. Bresse dans son Cours à l'École des Ponts et Chaussées.

Il importe de remarquer que a et b sont les dimensions supposées existantes sous l'action des forces déformatrices, ce qui montre l'utilité de la recherche supplémentaire suivante.

98. Déformation du profil elliptique. Supposant que la pression p soit du dehors en dedans, nous cherchons la variation que subit le demi-diamètre principal dont la valeur initiale sera représentée par a_0, sa valeur finale restant désignée par a. Nous employons pour cela la formule $[1]$ du n° 89 que nous appliquerons à l'arc $B_0 A_1$ et dans laquelle nous devons faire $\Delta x_1 = a - a_0$, $\Delta x_0 = 0$, $\psi_0 = 0$, $\tau = 0$, $N = - p \dfrac{(a + b)}{2}$, valeur moyenne approximative, $\Omega = e$, $\varepsilon = Ei = \dfrac{1}{12} E e^3$, $\gamma_1 = 0$, et enfin $\mu = \dfrac{1}{4} p \left(\dfrac{a^2 - b^2}{a^2} \right) (a^2 - 2 x^2)$, le signe de l'expression $[1]$ trouvée à la fin du n° 96 devant être changé à cause du changement du sens de la pression p. Nous avons ainsi

$$a - a_0 = \int_0^a \frac{N \, dx}{E e} + \frac{12}{E e^3} \int_{B_0}^{A_1} y \mu \, ds$$

$$= - \frac{p a (a + b)}{2 E e} + \frac{3 p (a^2 - b^2)}{E e^3 a^2} \int_{B_0}^{A_1} (a^2 - 2 x^2) y \, ds.$$

Si la courbe $B_0 A_1$ était un cercle de rayon a, $y \, ds$ serait égal à $a \, dx$; si le rayon était b, $y \, ds$ serait $b \, dx$; on ne fera qu'une erreur peu sensible en posant $y \, ds = \dfrac{1}{2} (a + b) \, dx$, de sorte qu'on a approximativement

$$\int_{B_0}^{A_1} (a^2 - 2 x^2) y \, ds = \frac{1}{2} (a + b) \int_0^a (a^2 - 2 x^2) \, dx$$

$$= \frac{1}{6} (a + b) a^3.$$

.Il en résulte

$$a - a_0 = \frac{1}{2}(a+b)\frac{p\,a}{E\,e}\left(\frac{a^2-b^2}{e^2} - 1\right]. \qquad [3]$$

La variation analogue $b - b_0$ s'obtient en remplaçant a par b, et *vice versâ* :

$$b - b_0 = -\frac{1}{2}(a+b)\frac{p\,b}{E\,e}\left(\frac{a^2-b^2}{e^2} + 1\right). \qquad [3\ bis]$$

Pour appliquer ces formules à un exemple, prenons une chaudière à foyer intérieur dont le diamètre moyen est de 1^m, qui doit supporter du dehors en dedans une pression de 40 000 kg. par m. q. ou environ 4 atmosphères, et dont l'épaisseur, qui dans le cas où la pression serait intérieure devrait être de $0^m,01$, a été portée à $0^m,015$. Nous ferons d'ailleurs $E = 2.10^{10}$. Nous admettrons que le diamètre moyen de 1^m est celui qui a lieu sous l'action de la pression.

D'après ces données, on a

$$a + b = 1, \quad a^2 - b^2 = a - b = 2a - 1 = 1 - 2b,$$

$$\frac{p}{2\,E\,e^3} = \frac{1}{3,375},$$

et les équations [3] se réduisent à

$$a^2 - 2,1876\,a + 1,6875\,a_0 = 0,$$
$$b^2 - 2,1876\,b + 1,6875\,b_0 = 0.$$

Il ne reste plus qu'à se donner la valeur de l'une des dimensions initiales a_0, b_0. Soit, par exemple, $a_0 = 0,507$; de la première équation, on tire en conséquence $a = 0^m,510$; par suite, $b = 1 - 0,510 = 0^m,490$; enfin la 2ᵉ équation, après la substitution de cette dernière valeur de b, donne $b_0 = 0,493$. Ainsi les demi-diamètres, qui dans l'état primitif sont $0^m,507$ et $0^m,493$, deviennent, par l'effet de la pression, $0^m,510$ et $0^m,490$, valeurs qui, substituées dans la formule [2] du n° 91 avec les données précédemment indiquées, produisent

$$R = \frac{p\,a}{e}\left(1 + \frac{3.0,02}{2.0,51.0,015}\right)$$
$$= 1\,360\,000\,(1 + 3,92) = 6\,691\,200,$$

c'est-à-dire que cette pression est près de cinq fois plus grande que celle qui aurait lieu si le vase était rigoureusement cylindrique.

Appliquons la même théorie au cas où $a + b$ restant 1^m, la pression de 40 000 kg. par m. q. serait intérieure et l'épaisseur de $0^m,01$. Les équations [3] deviennent alors, eu égard au changement de signe de p,

$$a^2 - 0,00005\,a - 0,5\,a_0 = 0,$$
$$b^2 - 0,00005\,b - 0,5\,b_0 = 0,$$

et en faisant comme tout à l'heure $a_0 = 0,507$, on trouve $a = 0,503$; $b = 0,497$ et $b_0 = 0,493$. Les demi-diamètres, qui dans l'état primitif sont comme dans le cas précédent $0,507$ et $0,493$, deviennent donc $0,503$ et $0,497$, de sorte que l'excentricité diminue. Ces dernières valeurs étant substituées dans l'équation [2], ainsi que les données $p = 40\,000$ et $e = 0,01$ produisent

$$R' = \frac{p\,a}{e}\left(1 + \frac{3.0,006}{2.0,503.0,01}\right)$$
$$= 2\,012\,000\,(1 + 1,79) = 5\,613\,500;$$

de sorte que, avec les mêmes dimensions primitives, la tension n'est ici augmentée par l'excentricité que dans le rapport de $2,79$ à 1.

FIN.

TABLE DES MATIÈRES.

TABLE DES MATIÈRES.

§ V. Flexion plane d'une pièce naturellement prismatique, sous l'action de forces transversales.

§ VI. Flexion plane d'un solide composé de parties naturellement prismatiques, mais de sections droites différentes, sous l'action de forces transversales.

§ V. Flexion plane d'une pièce naturellement prismatique, sous l'action de forces transversales.

§ VI. Flexion plane d'un solide composé de parties naturellement prismatiques, mais de sections droites différentes, sous l'action de forces transversales.

§ VII. Détermination des dimensions du profil en travers d'une pièce chargée transversalement.

§ VIII. Solides d'égale résistance à fibre moyenne sensiblement rectiligne.

§ IX. Prisme chargé parallèlement à sa fibre moyenne.

§ X. Flexion plane d'une pièce courbe.

FIN DE LA TABLE DES MATIÈRES.

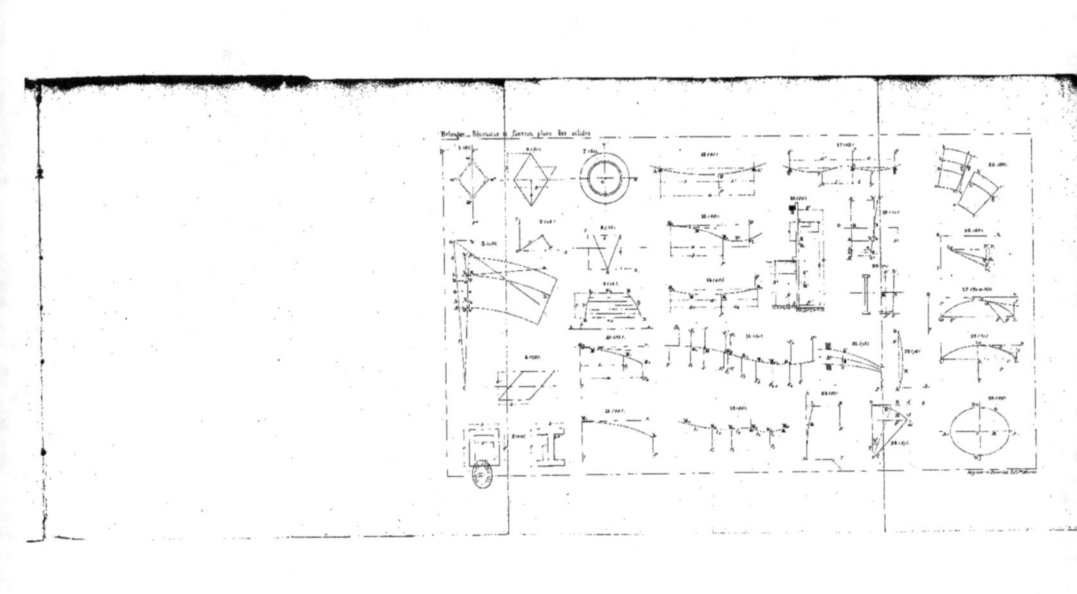

Bélanger — Résistance et flexion plane des solides

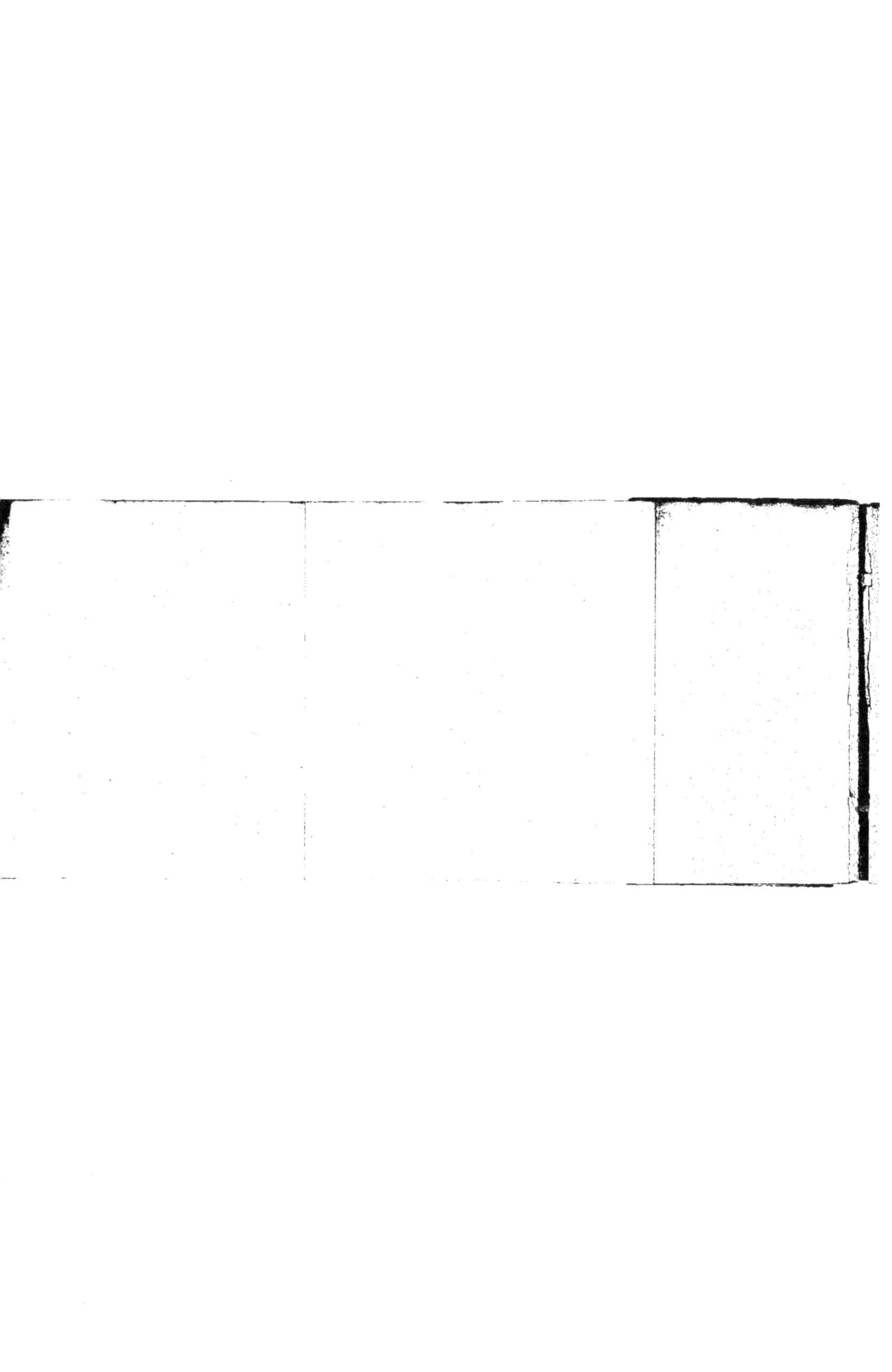